나무처럼 생각하기

Penser comme un arbre
by Jacques Tassin

© ODILE JACOB, 2018
Translation copyright © 2019 by The Forest Book Publishing Co.

This Korean edition was published by arrangement with Editions Odile Jacob
through Sibylle Books Literary Agency, Seoul.

PENSER COMME UN ARBRE

**나무처럼 자연의 질서 속에서
다시 살아가는 방법에 대하여**

나무처럼 생각하기

자크 타상 지음
구영옥 옮김

더숲

"땅속에 뿌리를 박고 하늘에 가지를 걸치고 있는 나무,
그것은 별과 우리 사이를 잇는 길이다."

_앙투안 드 생텍쥐페리*Antoine Marie-Roger de Saint-Exupéry*

"우리는 실제로 세상을 바라보지만,
그와 동시에 세상을 보는 법을 배워야 한다."

_모리스 메를로퐁티*Maurice Merleau-Ponty*

들어가며

나무는 아직도 우리에게 가르쳐줄 것이 많다

생태학자들은 알고 있다. 뒤얽혀 있는 생물들 사이에서 나무가 자신의 자리를 잡고, 나무의 기준으로 세상을 만들고, 나무의 본성에 따라 영향을 미쳐왔음을. 그래서 우리는 나무의 영향에서 벗어날 수 없다. 우리에게 흔적을 남긴, 다양하고 보편적인 나무의 조상을 분석하면서 우리 자신을 재발견하는 것이 이 책의 목적이다.

나무가 우리와 닮기를 바라는 간절한 욕망 때문에 모든 것을 의인관擬人觀으로 해석해버리려는 것은 아니다. 그것보다는 왜 나무가 우리 삶의 방향을 결정하는지, 우리가 어떻게 하면 나무에게서 더 많은 영감을 얻을 수 있을지에 대해 명확히 하고자 한다. 나무의 모습에는 우리가 배울 만한 가치 있는 것들이 있다. 미국의 환경윤리학자 알도 레오폴드Aldo Leopold가 산처럼 생각하라고 권했던 것처럼 우리도 나무처럼 생각해볼 수 있는 것이다.[1]

오늘날 알게 된 나무의 존재 방식, 나무와 환경의 조화에 대한 사실들을 어떻게 우리 삶의 방식에 활용해볼 수 있을까? 우리는 생물과 끝없이 접촉하면서 천천히 진화한, 근본적으로 '생물학적 영감bioinspiration'을 받은 존재다. 다시 말해 생물 세계와의 관계가 형성되기도 전에 이미 감성적 유대를 유지하고 있는 것이다. 이때 나무는 우리에게 끊임없이 신호를 보낸다. 인간의 기나긴 여정 동안 인간과 세계를 연결해준 것이 바로 나무다. 그래서 우리가 현재 살아가고 있는 곳은 나무의 서식지이자 점령지인 한 행성이다.

이타성異他性을 가진 나무는 끊임없이 우리에게 세상에 대해 속삭이며 말을 건다. 우리는 나무에게서 많은 것을 배웠다. 우리의 신체뿐만 아니라 몇몇 사유 방식이 그것을 말해준다. 우리는 나무로부터 얻은 목재의 속껍질로 책을 만든다. 세상에 대한 우리의 인식은 앞으로도 나무에서 유래될 듯하다. 철학자 로베르 뒤마Robert Dumas는 "우리가 나무를 떠난 적은 없다"[2]라고 말했다. 나무는 여전히 우리에게 가르쳐줄 것이 많다.

나무가 문명을 만들고 문명이 식물이 자라지 않는 불모지를 만든다고 누군가 주장할지 모르지만, 오래전부터 우리와 나무를 잇는 녹색 실은 운 좋게도 결코 끊어진 적이 없다. 우리는 항상 나무와 접목된 상태였다. 나무는 경계가 매우 불분명하고 난해한 형태의 존재다. 따라서 이 생명을 파악하려는 노력이 무엇보다 필요하다. 우리에게 나무는 비밀스러우면서 우리 시각에 따라 재구성되는 존재로 남아 있을 것이다. 그리고 우리가 접근할 수 없는 세상의 일부분을 상징하는 형상으로 존재할 것이다.

나무를 바라보는 우리의 시선은 말 그대로 변태 중이다. 세상을 인식하는 방식이 급변하는 시대이니만큼 놀랄 만한 사실은 아니다. 우리는 이 변화하는 세상에 다시 적응하고 싶어 한다. 불확실한 환경 속에서 우리 자신을 발견하기 위해서. 그러나 자연에 질서를 만드는 것은 더는 우리의 몫이 아니다. 우리는 자연에게 우리의 존재 방식을 재정비해달라고 요청해야 한다. 우리가 자연이라는 샘에서 물을 긷기를 열망하기 때문이다.

나무와 함께 다시 감성으로 향하자. 저 멀리 고공비행하는 과학에게는 생물이 안중에도 없다. 기계론에 넋이 나간 과학을 두고 프랑스의 철학자 앙리 베르그송Henri Bergson도 "현대 과학은 천문학의 딸이다. 또한 하늘에서 갈릴레이의 빗면을 따라 땅으로 내려왔다"[3]라고 표현한 바 있다. 감성에 대해 과학은 자신을 보완해줄 깨달음이라기보다는 장애물로 여겼다. 과학은 분명 훌륭하고 경이롭기까지 하지만 진실의 베일을 벗기기에는 부족하다.

우리는 경험을 쌓는 데 방해되지 않는 연구 방법으로 생물에게 계속 배워야 한다. 난해하고, 지식을 지나치게 신봉하며, 과학적 연구 결과를 지나치게 부풀리지 않을 때 나무는 비로소 우리의 연구 대상이 된다.

이 책이 표방하는 바 또한 이러한 거리 두기가 될 것이다.

2장 / 나무가 세상에 존재하는 방법

3장 / 나무와 함께 살아가기

4장 / 화합 교향곡

5장 / 나무는 우리에게 어떤 의미인가

6장 / 나무와 인간의 지속가능한 발전

1장

인간은
나무에서
태어났다

PENSER COMME UN ARBRE

첫 장이니만큼 여기에서는 짧게라도 우리를 되돌아보고자
한다. 우리는 나무에게 무엇을 빚지고 있는가? 비단 나무를
이용할 때뿐만 아니라 우리의 내면을 형성할 때조차 나무에
게 빚을 지고 있다. 분명한 사실은 인간은 숲에서 태어났다는
점이다. 나무가 우리의 육체와 정신을 만들었다.

우리 눈에 나무가 그저 푸르러 보이고 그다지 눈에 띄지 않
는 이유는 주변에서 나무를 흔히 볼 수 있어 특별히 신경을 쓰
지 않기 때문이다. 하지만 새소리, 송진 향, 도토리가 땅에 떨
어지는 소리만으로도 나무는 공간을 가득 메운다. 그러고는
우리의 마음을 건드리고 흔든다.

실제로 존재하는 나무도 있지만 우리 안에 품고 있는 나무
도 있다. 폐, 정맥, 림프샘, 신경회로 등 나무를 떠올리게 하는
우리 안에 있는 양분養分의 통로만을 말하는 것이 아니다. 인간
의 탄생과 진화 과정에서 정신을 형성하고, 존재 방식과 세계

관에 집중하도록 만든 나무의 방식, 우리는 그 점에 주목해야
한다. 러시아의 소설가 안톤 체호프Anton Chekhov는 그의 작품
속에 등장하는 미하일 아스뜨로프의 입을 빌려 이렇게 말했
다. "숲은 인간에게 아름다움을 이해하는 방법을 가르치고 고
결한 감정을 고취한다."[4] 숲이 우리에게 세상에서 가장 좋은
것을 가르쳐주는 것이다.

　오늘날 우리는 문화에 순응하며 살아가지만, 여전히 옛 조
상들이 나무와 자주 오랜 시간을 보냈던 것처럼 나무와 떼려
야 뗄 수 없는 삶을 살고 있다. 나무와 우리는 눈에 보이지는
않지만 끈끈하게 연결되어 있기 때문이다. 감각들을 조용히
일깨워 밀려오는 생각의 물결을 밀어내면서 숲을 받아들일
때, 우리는 나무와 가까워진다.

우리에게는
나무의 흔적이 남아 있다

나무를 벗 삼았던 옛 조상들로부터 우리는 나무의 흔적이
뚜렷하게 남아 있는 육체를 물려받았다. 나무는 인간의 형태
를 만든 첫 번째 틀이다. 또한 자신의 흔적을 우리 몸에 새기

고 우리의 형체를 조각하고 진화하는 여정을 안내했다. 우리
는 주변을 가득 메운 나무와 항상 가까이 살아가던 옛 조상들
에게서 사는 법을 배우고 기억하며 살아가고 있다.

나무와 함께한 진화는 자취를 남겼다. 최초의 영장류인 퍼
거토리어스Purgatorius의 출현 이후로, 6500만 년 동안 다양한
크기와 질감의 나뭇가지에서 영향을 받으며 우리 육체에 나
무의 고유한 형태가 남았다. 우리의 척추는 유연하여 허리,
등, 목을 구부릴 수 있다. 사지는 곧게 뻗어 있으며 뼈 사이에
는 튼튼한 관절이 있다. 어깨와 손목도 마찬가지로 유연하여
팔과 손을 자유롭게 움직일 수 있다. 손을 부드럽게 펼 수 있
고, 길게 뻗은 손가락은 각각 자유자재로 움직일 수 있다. 엄
지손가락은 다른 손가락과 마주 보고 있어 손가락을 손끝으
로 오므릴 수 있다. 손가락뼈는 관절로 이어져 있고 손에는 촉
각이 고도로 발달해 있다. 근육이 붙어 있는 육체의 모든 골격
은 나무가 생물에 남긴, 지워지지 않는 흔적이다.

우리를 만든 이 나무가 나무를 소비하는 방법도 가르쳐주
었다. 이러한 소비는 인간의 생명에 더없이 중요하다. 매일 여
러 가지 과일을 섭취하면서 건강을 유지할 수 있기 때문이다.
우리는 숲이 주는 풍부하고 다양한 식량 자원 덕분에 지금의
치열을 갖게 됐다. 잎사귀, 과실, 씨앗, 싹, 벌레, 꿀, 알, 어린

새, 작은 포유동물, 나무에 사는 파충류 등 숲에 사는 다양한
생물에 이끌린 우리는 단지 '목식' 동물로 불리기는 어려워 잡
식 동물이 되었다. 자르고, 찢고, 빻는 등의 인내심이 필요한
씹는 운동을 체득하면서 앞니, 송곳니, 어금니의 기능이 자리
잡게 됐다. 그렇게 숲에서 얻은 식량 덕분에 치아가 고르게 배
열된 것이다.

🌲🌲🌲

소화기관을 보면 우리는 고기나 잎사귀를 먹기보다는 열매
를 먹는 영장류에 더 가깝다.[5] 나무 때문에 우리가 한곳에 모
여 살게 됐지만 그러는 편이 나무에도 유리했다. 조상들이 과
일을 먹은 후 속에 든 씨를 배설물을 통해 땅에 뿌렸기 때문
이다. 과일 씨는 소화기관에 머물렀다가 발아하기 좋은 상태
로 배출된다. 조상들이 이렇게 씨를 뿌린 덕분에 나무는 과육
이 많고 달콤하며 탄수화물이 풍부한 과일을 우리에게 내줄
수 있었고 조상들 또한 그런 과일을 얻을 수 있었다.

그렇게 조상들에게는 과일을 따는 문화가 생겼다. 열매를
얻을 수 있는 곳으로 이동해야 했고 항상 추락의 위험이 있었
다. 그래서 모든 영장류가 그랬던 것처럼 어린 자녀는 부모에

게 의존하게 됐다.

우리의 감각체계도 재구성됐다. 낮에 활동하는 생활 방식과 사물을 입체적으로 볼 줄 아는 시각 덕분에 우리의 눈은 정면을 향해 있고 이리저리 굴릴 수 있다. 세상은 감각으로 지각된 만큼 변형됐다. 식량의 위치를 파악하고 이 가지에서 저 가지로 건너뛰려면, 색을 구분하고 거리를 가늠하며 응달에 가려진 구렁을 찾아내는 데 알맞은 시력이 필요했다. 이러한 복잡한 환경이 우리의 지적 활동을 자극한 덕분에 뇌의 크기도 커졌다. 물론 그에 따라 잃은 것도 있다. 시각에 집중하면 후각이 약화된다. 하지만 천만 다행히 청각은 영향을 받지 않았는데, 문화적인 이유로 보인다. 이후 문자[6]와 같은 시각 언어가 발명됨으로써 청각은 배경 정보가 되었다.

퍼거토리어스의 출현 이후 몸집이 큰 원숭이와 인간의 특징이 섞여 있는, 최초의 유인원인 프로콘술Proconsul이 등장하기까지는 4000만 년이 걸렸다. 꼬리가 없는 프로콘술은 나뭇가지 위를 구부정한 자세로 다녔고 보기 드문 크기의 뇌를 가졌다. 땅으로 내려온 프로콘술의 후손 중에는 600만 년에서 250만 년 전에 살았던 영장류인 오스트랄로피테쿠스가 있다. 인류의 등장을 알린 오스트랄로피테쿠스는 수십 미터를 직립보행했지만, 여전히 나무를 잘 탔고 엄지발가락을 침팬지처럼 사용했다.

고고인류학자 파스칼 피크Pascal Picq가 '이동하는 거대 원숭이'로 표현한 인간이 나무와 멀어진 지는 불과 30만 년 전[7]이다. 인간은 위도를 따라서 그리고 고도가 점점 더 높은 곳으로 자유롭게 세상을 정복하러 나섰다. 인간이 나무를 떠난 것은 영장류의 기나긴 진보의 역사에서 5,000분의 1도 안 되는 기간이며, 나무와의 길고 깊은 관계로 인해 우리에게 그만큼 흔적이 남아 있다. 우리가 나무를 떠나면서 벗어버린 흔적들은 미미하다. 퇴화한 꼬리와 움켜쥘 수 없는 발가락, 거대한 몸을 보호할 수 없는 털은 더 이상 중요하지 않기에 사라진 것뿐이다. 여전히 우리는 본질적으로 나무와 함께 살아간다.

나무는 세상에 존재하는 법을 가르친다

몸에 좋은 것은 정신에도 좋다. 우리의 내면은 나무와의 오랜 관계 덕분에 단련됐다. 세상을 떠나기 얼마 전, 인류학자 앙드레조르주 오드리쿠르André-Georges Haudricourt는 이렇게 직감했다.

"나에게는 해결하지 못한 한 가지 의문이 있다. '다른 생물들이 인간을 길렀을 수도 있지 않을까?' 하는 것이다."[8]

한 가지 예를 들면, 인간은 동물들을 관찰하면서 질병의 치료법을 찾아낸다는 가설이 점차 설득력을 얻고 있다. 미국의 인류학자인 마이클 허프만Michael Huffman에 따르면, 아프리카 반투족은 침팬지가 국화과 식물인 베르노니아 아미그달리나 Vernonia amygdalina를 약으로 먹는 모습을 우연히 발견한 후 이를 구충제로 섭취하게 됐다고 한다. 프랑스 국립자연사박물관의 사브리나 크리프Sabrina Krief는 우간다 침팬지가 멀구슬나뭇과 식물인 트리칠리아 루베센스Trichilia rubescens 잎과 적토를 섞어 먹으며 자가 치료를 한다는 사실을 발견했다. 이렇게 우리가 다른 생물들에게서 세상을 배운 사례들이 점점 쌓이고 있다.

자연을 모방하여 기술을 터득하는 생체모방의 경우, 이미 우리의 일부를 구성하는 자연에서 가져왔지만 마치 우리가 발견한 것처럼 보인다. 인류의 최초 지렛대인 물건에 달린 손잡이는 잔가지와 꽃, 과실이 달린 기다란 줄기 모양을 하고 있다. 최초의 가죽 물통도 과육이 가득 찬, 큰 과일에서 영감을 받은 것이다. 이러한 영향으로 생물을 오랫동안 조심스럽게 보존하는 것이 무엇보다 중요해졌다.

그 후 우리의 기술적 노하우가 쌓이고 풍성해져 손잡이와 가죽 물통은 복잡해지고 변형되었지만, 원리는 여전히 본질 그대로다. 오늘날 우리는 새로운 기술 덕분에 손가락으로, 심지어 엄지손가락만으로 세상을 파악할 수 있지만, 예전에 손잡이를 움켜잡았던 것처럼 더는 세상을 움켜잡을 수 없다. 우리 스스로 나무와 접목을 끊고 다른 곳에서 다시 접속했기 때문이다. 그 결과 우리가 손에 쥔 것은 아무것도 없다. 최근 가상으로 가득 찬 디지털 세상에 대항하여 생체모방에 관심을 가지면서 가상과 실재의 균형이 맞춰진 듯하다. 생체모방을 통해 나무를 떠난 실향의 깊은 슬픔을 위로받기 때문이다.

오드리쿠르처럼 우리의 지식과 사고가 나무에게 빚을 졌다는 의문을 갖는 것은 전혀 엉뚱하지 않다. 우리가 태어났을 때 나무가 우리에게 세상에 존재하는 법을 가르쳤다면 세상을 배우는 방법 또한 가르쳤을 것이다. 우리가 직립하게 되면서 곧게 뻗은 나무를 보고 열망에 사로잡혀 첫발을 내디딘 곳이 바로 거목의 중심 가지들 위였다.

이것이 우리의 첫 번째 받침돌이며, 우리가 그 위를 걸었다는 사실은 변하지 않는다. 말의 발끝에는 단단한 말발굽이 있어 넓은 초원을 안심하고 다닐 수 있었다. 그러나 인간의 발아래에 있는 나뭇가지들은 미끄럽고 우리 무게에 짓눌려 구부러지며 항상 잘 보이지 않아 결코 안심할 수 없었다. 그럼에도

우리가 태어났을 때
나무가 우리에게 세상에 존재하는 방법을 가르쳤다면
세상을 배우는 방법 또한 가르쳤을 것이다.

머릿속에서 균형을 잃을 때 나뭇가지에 다시 접목하는 것은
여전히 중요하다. 공허함에 대한 공포가 여전히 우리의 마음
에 남아 있으므로 세상에 존재하기 위해서는 항상 받침돌이
필요하다.

▲▲▲

　나무의 영향력은 심지어 진화하는 우리의 기억력을 넘어선
다. 열악한 환경에서 자란 아이들은 학습 능력이 떨어진다. 자
연환경에서 얻은 경험과 관련된 자극이 결핍되면 지적 자각
이 더디게 발달한다. 과잉 행동이 증가하고 사회 적응에 어려
움이 생기며 질병이 생기기도 한다.[9] 그런데 숲이 우거진 곳
에서 산책하면, 미국 심리학자들이 이름 붙인 자연결핍장애*
의 징후와는 정반대로, 아이들의 독서 능력이 향상된다.[10] 근
시가 생기지 않을뿐더러 주의력도 향상된다. 결론적으로 나무
와 가깝게 지내는 아이들이 더 강한 사회적 소속감을 보여주
었다. 또한 다른 아이들에 비해 덜 예민하고 덜 호전적이며 더
친절하다.

---

* Nature Deficit Disorder. 스마트폰이나 디지털기기로 인해 인간이 자연과 멀어지
면서 생기는 신체적, 정신적 문제.

어떻게 주변에 나무가 있는 것만으로도 아이들의 독서 집
중력이 향상되는 것일까? 미국의 레이첼 카플란Rachel Kaplan과
스티븐 카플란Stephen Kaplan의 연구 이후, 환경심리학자들에 따
르면 아이들은 숲이 우거진 곳에서 특정한 일을 할 때 집중력
이 더 높았다.[11] 나무와 접촉하면 아이들은 복잡한 놀이도 술
술 풀어나간다. 민첩성이나 행동 조절력이 향상되고 신체적,
정신적 능력도 왕성해진다. 손이 닿는 거리에서 아이들이 접
촉하게 되는 물질들은 호기심을 자극하고 관찰 감각을 활성
화시키며 창의성을 북돋운다.

11월의 어느 날, 어린아이는 땅에 떨어진 플라타너스 잎사
귀를 모으는 것만으로도 충분히 감탄하며 행복을 느낀다. 동
시에 세상 전부가 된 나무의 비스듬한 몸통을 기어오르면서
자아가 고양된다. 나무 몸통 뒤로 숨어, 다른 사람을 예의 주
시하며 적극적인 자세를 유지하면 순간적으로 다른 사람들의
시선에서 벗어나게 되고 자신만의 개성이 나타난다.

아이들은 나무가 있는 자연에서 자기 헌신, 탐험의 묘미, 성
찰의 기회를 얻게 된다. 나무가 있는 자연은 사회적 학습, 그
리고 특별한 문화적 학습의 장인 것이다. 단순히 숲을 거니는
것만으로도 아이와 어른은 더욱 가까워진다. 낙후된 도시 지
역에 사는 아이들의 경우 이 효과가 더욱 크게 나타났다.[12]

아이들이 모니터에서 떨어져 세상을 배우려면, 먼저 놀이하듯 자연과 친구가 되어야 할 것이다.

폭력성을 억제하고
평화를 가져다주다

우선 이 책의 목적은 환경에 영향을 미치는 나무의 조절 작용에 대해 상술하는 것이 아니라는 점을 말해둔다. 대표적인 조절 작용에는 산소 공급, 대기 중 탄소 고정, 오염 방지, 공기 정화, 유량 조절, 물과 토양 정화, 지표수 통제가 있다. 이는 매우 중요하다. 프랑스의 필리프 4세가 1291년 삼림수산부를 설치했을 때에도 사람들은 나무가 물길뿐만 아니라 세상의 길도 만들어간다는 점을 간파한 듯하다.

나무는 우리에게 긍정적인 영향을 미친다. 나무가 혼란스러운 기후를 조절하는 것처럼, 스트레스를 받은 우리의 정신적 혼란도 잠재운다. 스트레스라는 세기병世紀病과 팽창하는 도시를 고려하면 나무는 꼭 필요한 존재다. 프랑스에서는 전체 인구의 80% 정도가 도심에 산다. 그로 인해 정신 건강이 나빠지고 있다. 한편 30년 전부터 심리학자들은 우리 주변에 존재하는 나무와 우리가 피부로 느끼는 능력의 상관관계를 설파했다. 녹지 환경이 비타민B_2를 생성한다는 것이다.[13]

이 주장의 시초는 1984년 《사이언스Science》에 실린 로저 울리히Roger Ulrich의 연구 결과다.[14] 건축학 교수인 울리히는 공간이 인간의 건강에 미치는 영향에 관심이 있었고, 1972년부터 1981년까지 펜실베이니아의 한 병원에 입원했던 환자들의 기록을 살펴봤다. 담낭 제거 수술을 받은 환자들의 회복기를 분석한 결과 병실 창문 밖으로 무엇이 보이느냐에 따라 환자들의 회복이 다르게 나타났다. 즉 나무가 보이는 병실에 있던 환자들은 벽이 보이는 병실에 있던 환자들보다 더 빨리 회복했다. 진통제 또한 적게 복용한 것으로 나타났다.

▲▲▲

나무는 우리를 진정시키고 회복을 돕는다. 20세기 초에 병원이 그려진 오래된 엽서를 보면 병원 주변에 나무가 빽빽하게 심어져 있었음을 확인할 수 있다. 오래전부터 병원 관계자들은 울리히 교수가 발견한 사실을 알고 있었던 것이다.

실제로는 숲에 노출되는 정도를 측정하기 어렵고, 그 영향 또한 개인마다 다르며 모든 나무의 효능이 같지 않다. 하지만

나무가 우리의 정신 건강에 좋은 영향을 미친다는 사실은 변
함없다.

삼림욕을 실천하는 일본은 그 효과를 가장 명백하게 증명
해야 했다. 이에 일본에서는 여러 일본인을 대상으로 혈압, 타
액 내 코르티솔* 농도, 심장 박동, 스트레스 수치 등 간단한 조
사가 이루어졌다. 편차가 발생할지도 모르기 때문에 여러 지
역에서 반복적으로 삼림욕의 이완 효과를 측정했다.[15] 이제는
나무가 스트레스를 완화하는 데 효과가 있다는 사실을 부정
하지 않는다.

최근 베를린 폭염 때도 밝혀졌다시피, 폭염이 기승을 부릴
때 도시 한가운데서 나무의 존재가 오존이나 미세먼지를 발생
시키면서 공기의 질을 떨어뜨리는 경우가 있다. 그러나 나무
가 우리의 건강을 해치는 이러한 사례[16]는 여전히 이례적이다.

나무는 우리에게 이롭다. 미국 템플대학교의 메리 울프Mary
Wolfe와 제레미 메니스Jeremy Mennis가 보여준 바와 같이 나무가
우리의 폭력성을 억제하기 때문이다.[17] 사람들은 흔히 도시
한가운데에 있는 식물 군락들이 감시를 피하려는 악의적인
사람들에게 피난처나 시야를 가리는 장벽이 된다고 생각한

---

* cortisol. 스트레스에 반응해 분비되는 호르몬의 하나. 코르티솔 수치가 높을수록
  복부 비만, 고지혈증, 심혈관계 질환이 발생한다.

다. 하지만 이 같은 생각은 이 두 도시지리학자의 연구를 통해 완전히 틀렸다는 것이 밝혀졌다.

연구자들은 녹지대가 조금이라도 정비된다면 만남의 장소나 사회적 평온을 얻는 곳이 될 수도 있으리라 생각했고, 연구를 통해 나무가 울창한 녹지대가 생기면 범죄율이 줄어든다는 사실을 증명했다. 악의적인 사람들은 깨끗이 정비되고 단장된 녹지대는 오히려 부자들이 사는 동네여서 감시가 삼엄할 것으로 생각했지만, 나무와 범죄율의 연관성은 지역의 사회경제적 지위와는 별개의 문제다.

또 다른 유익은 식물이 폭력성이 드러나지 않도록 직접 억제한다는 것이다. 나무는 공격성을 조절한다. 개인 정원을 시야가 트이도록 개방해 초목 울타리를 없앤 도시가 안전하다. 그러니 주변에 나무가 심어진 공공 구역이 남아 있는 도시는 그만큼 안전한 셈이다.[18] 잘 조성된 녹지는 시민들이 사회적으로 적절한 행동을 하도록 이끌며 그런 도시를 찬양하는 이유도 여기에 있다. 게다가 개별성을 지닌 나무들은 도시가 더욱 평화롭게 보이도록 한다.

인간에게 내재된
나무 사랑 기질

2003년, 심리학자 연구진은 28명의 여성 지원자들을 두 팀
으로 나눠 연구를 진행했다. 각 팀에 연속해서 80장의 사진을
보여주고 15초 동안 소리를 듣게 하면서 심장박동수를 측정
하는 실험이었다. 첫 번째 피실험자들에게는 도시 사진을, 두
번째 피실험자들에게는 자연 사진을 보여주었다. 그 결과 도
시 사진을 본 피실험자들은 자연 사진을 본 피실험자들보다
맥박이 빨리 뛰는 것으로 나타났다.[19]

우리와 나무의 감성적 유대는 너무 끈끈해서, 단순히 나무
사진을 보는 것만으로도 비슷한 효과를 얻을 수 있다. 인지 기
능이나 정서 기능과 관련된 뇌 영역을 확인할 수 있는 신경 촬
영 기술인 자기공명영상MRI을 통해 나무 사진을 볼 때 뇌에서
나타나는 반응을 알아봤다.

2010년, 한국의 연구진이 30명의 학생 지원자들을 대상으
로 뇌 반응을 실험한 결과, 숲, 공원, 정원과 같은 녹지대를 응
시하는 것만으로도 기쁨이나 즐거운 감정에 관여하는 대뇌변
연계[20]가 활성화되는 것으로 나타났다. 따라서 우리는 '숲을
좋아하는', 아니 기본적으로 '나무를 좋아하는' 기질을 지니고

있다고 할 수 있다. 실제 나무가 아닌 나무 사진을 보는 것만
으로도 우리는 안정감을 얻을 뿐만 아니라 스스로 행복감을
만들어낸다.

　이러한 경험은 우리가 자연을 보고 떠올리는 생각이 자연
의 실재보다 중요하다는 점을 보여준다. 즉 생물다양성을 실
재보다는 감각을 통해 더 예민하게 인지한다는 것이다. 영국
셰필드대학교의 연구진은 사람의 정신은 도시 한가운데에 있
는 녹지공원에서 주변에서 만나는 새, 식물, 나비 등 각각의
개체수보다는 그 종의 개수에 더 많은 영향을 받는다는 사실
을 보여주었다.[21]

🌲🌲🌲

　세상과의 감성적 유대는 객관적인 현실을 능가한다. 그래
서 생물다양성을 위한 행정적, 법적 조치들은 우리가 생물과
의 감성적 유대를 회복하는 것보다 비효율적이다. 생물다양
성을 보존하고 인간의 정신 건강을 유지하려면 먼저 대중이
주변의 여러 생물들과 다시 그 관계를 잘 유지하는 것이 중요
하다. 만약 우리가 생물다양성을 느끼지 못하고, 머릿속에만
남겨둔다면 왜 생물다양성을 지키려 하겠는가?

생물학자인 에드워드 윌슨Edward Wilson에 의해 알려진 개념
인 바이오필리아*의 지지자들에 따르면, 우리가 녹지대를 좋
아하는 것은 호모사피엔스로 대표되는 최초 인류 역시 녹지
대를 선호했기 때문이다. 이는 문화유전의 한 형태로, 생명과
직결된 서식지에 대한 평가 기준이 후대인 우리에게도 남아
있다는 말이다.

　나무에서 내려온 우리 조상들은 대초원에서 먹을 것을 해
결하고 자신을 보호하며 사는 데 더없이 좋은 조건을 발견했
다. 오늘날 우리는 무의식적으로 첫눈에 이와 유사한, 잠재적
으로 적절한 공간을 인지한다. 아프리카의 대초원에 열광하며
여행을 떠나는 것은 이러한 본능에 따른 것일 수 있다. 아프리
카의 대초원은 자동차 창문 너머로 거대한 야생 동물들을 보
며 내적 안정감을 채울 수 있는 태초의 땅인 셈이다. 현대심리
학과 진화생물학의 결합으로 탄생한 '진화심리학'은 환경 변
화에 대한 우리의 대응을 여실히 보여주는 학문이라고 할 수
있다. 광고 기획자들도 대부분 여기에서 영감을 얻는다.[22]

　바이오필리아를 바탕으로 한 진화심리학적 가설은 생물과
우리의 감성적 유대를 진화적 우발성의 결실로 묘사한다. 바

---

* biophilia. '녹색갈증'을 뜻하며, 자연을 좋아하는 생명체의 본질적이고 유전적인
소양을 말한다.

이오필리아는 왜 우리가 자연을 보고 그토록 감탄하는지를
이해하게 해주는 열쇠로, 자연의 변함없는 지지자다.[23]

　진화적 차원을 넘어 생물에 대한 우리의 감수성을 통해서
만 우리가 오롯이 자신이 된다고 표현하는 이유는 자연과 함
께 있어야만 온전할 수 있기 때문이 아닐까? 물론 대다수가
생각하는 대로, 우리는 전적으로 환경에 의해 결정되는 객체
라기보다 자유로운 주체라고 할 수 있을 것이다. 미국의 철학
자 데이비드 에이브럼David Abram은 자연과 우리의 친밀한 관계
를 매우 높이 평가했다. "우리는 인간이 아닌 종들과 접촉하며
공생할 때에만 인간이다."[24]

　감수성은 적응과 진화의 논리를 적용하여 단순화할 수 없다.

스트레스를 완화하고
면역력을 강화하는 나무

다른 모든 생물에 예민한 우리는 발톱에 사는 박테리아의
번식에까지 신경을 곤두세운다. 모든 신체 기관에서 미생물
이 담당하는 역할, 특히 면역에 미치는 역할은 막대하다. 우리
에게 친근한 생물이 존재 자체만으로 우리의 신체 건강에 영

향을 미친다는 것은 이제 상식이 되었다. 그러니 어찌 우리 주
변에 있는 나무들도 우리에게 영향을 미치리라 생각하지 않
을 수 있겠는가?

스모그와 매연으로 더럽혀진 시끄러운 도로보다는 산책길
이 조성된 녹지대에서 우리는 더 의욕적으로 걷게 된다. 걷기
의 효능은 더는 증명할 필요가 없다. 나무가 있는 산책길에서
걷는 노인들이 대도시에서 걷는 노인들보다 적어도 5년은 더
산다는 사실이 이제는 놀랄 일도 아니기 때문이다.[25]

노인들의 이러한 신체적 능력은 나무 그 자체보다는 대부
분 신체 건강을 유지하려는 의지 덕분이다. 하지만 신체 건강
에 미치는 나무의 효능도 오늘날 잘 알려져 있다. 나무는 스
트레스를 조절해준다. 산책길이 조성된 녹지대에서 운동하면
운동 그 이상의 효과가 나타난다. 어떻게 이러한 일들이 가능
한 것일까?

미국 뉴욕주의 유행병학 연구진은 어린이들의 천식 발병률
과 거주 지역의 가로수 조성의 상관관계에 관심을 가졌다.[26]
그들은 왜 최빈곤층의 아이들이 천식에 가장 잘 걸리는지 그
리고 여기에 녹지 환경과의 연관성은 없는지 궁금했다. 1980
년부터 2000년까지 천식에 걸리는 아이들의 수가 50% 증가
해 미국 내에서 우려의 목소리가 나왔고 어떤 원인도 배제할

수 없었다.

　연구진은 보건소가 제공한 소아 천식 발병률과 시 정책으로 진행된 녹지의 지리 정보들을 수집했다. 이 두 요소 간의 간접적 관계에 따른 선입견, 예를 들어 지역의 생활수준에 따른 요인은 제외했다. 그 결과 나무가 많은 지역일수록 아이들이 천식에 덜 걸리는 것으로 나타나 두 요소가 인과관계에 있음이 분명해졌다. 단순히 나무가 공기를 정화해서가 아니라 어떤 메커니즘 때문이었는데, 아직 이 메커니즘이 무엇인지는 밝혀지지 않았다.

🌲🌲🌲

　나무가 신체 건강에 미치는 직접적인 영향을 가장 설득력 있게 증명해 보인 일본으로 다시 돌아가 보자. 숲의 나무들이 우리의 면역체계를 활성화한다는 것은 이미 밝혀졌다. 앞서 언급한 삼림욕은 면역력을 강화하는 아로마요법과 관련이 있다. 나무는 피톤치드를 발생시키는데, 이 휘발성 물질은 나무가 세균 오염으로부터 자신을 지킬 수 있는 핵심 물질이다. 그런데 이 피톤치드가 림프구, 특히 암세포를 조절하는 면역세포 중 하나인 자연살해세포*를 활성화한다.

숲에서 하루이틀 산책을 하면 한 달 이상 림프구가 활성화
된다.[27] 숲에 가지 않고 은혜로운 공기의 요정이라 불리기도
하는 피넨, 보르네올, 시멘, 리날로올, 리모넨 등 우리 주변에
날아다니는 물질을 흡입inspiration하기만 해도 충분하다. 글자
그대로 '생물학적 영감bioinspiration'인 셈이다. 나무가 뿜어내는
알파 피넨의 일종인 모노테르펜은 산화 방지와 소염 효과가
있다. 또한 뼈 흡수를 돕고 골다공증을 예방한다.[28] 즉 나무는
스트레스를 완화하며 단순히 면역을 활성화하는 것뿐만 아니
라 모든 면역력을 동원하는 유기체다. 일본 후생노동성 소속
이자 삼림욕 연구의 핵심 인물인 의사 칭 리Qing Li는 도시에서
는 이 같은 효과가 나타나지 않는다고 주장했다.

이러한 연구를 비롯해 다른 연구 결과를 살펴보면 나무와
인간의 친밀한 관계를 알 수 있다. 우리는 반려 나무를 사랑하
게 될지도 모른다. 나무가 우리에게 이롭다는 사실을 우리 육
체가 알고 있기 때문이다.

한편 나무는 우리의 정신 속에서 가장 본질적인 열망을 만
들어낸다.

---

* Natural killer cell, 줄여서 'NK세포'라고 한다. 자가 면역체계의 주 구성원으로 면
  역화 과정이 이루어지지 않은 채 암세포나 바이러스에 감염된 세포를 자발적으로
  죽이는 작은 림프구 모양의 세포다.

나무처럼 진실하고
올바르게 성장하라

빅토르 위고Victor Marie Hugo는 《정관시집Les contemplations》에서
이렇게 외쳤다.

"숲의 나무여, 너는 내 영혼을 아는구나."

인간과 나무의 이러한 우정을 어떻게 잘 설명할 수 있을까?
우리 입장에서 보자면, 우리의 영적 각성을 좌우하는 것은 나
무의 기질뿐만 아니라 우리의 감각 세계에서 나무가 차지한
자리다.

나무는 우리 정신 속에 매우 깊이 뿌리박혀 있어서, 그 정신
속에서 초기 신들의 신전이 되었다. 16세기에 얀 밥티스타 판
헬몬트*가 보여주었듯이 조상들은 이미 나무가 자신의 생물
량으로 땅에서 가져온 것은 거의 없다는 것(1% 미만)을 꿰뚫
어보았다. 나머지는 모두 하늘과 빛에서 유래됐다. 철학자 마
이클 마더Michael Marder가 말한 대로 나무는 '우주 집약체'다.[29]
그러니 어떻게 나무와 정신이 서로 맞닿아 있는 관계에서 벗
어날 수 있겠는가?

---

* Jean-Baptiste Van Helmont, 1579~1644. 벨기에 의사이자 화학자로 버드나무 실
  험을 통해 나무의 성장에 영향을 주는 것은 물뿐이라는 결론을 내렸다.

프랑스의 철학자인 가스통 바슐라르Gaston Bachelard는 '모든 식물은 특별한 꿈의 유도자'라고 썼다.[30] 나무의 구성 물질을 광합성하는 데는 빛이 필요하다. 그 빛의 원천인 하늘을 향해 뻗어 있는 나무는 자신의 존재를 드높이는 모습으로 보인다. 프리드리히 니체Friedrich Wilhelm Nietzsche는 차라투스트라를 통해 이렇게 말했다.

"인간과 나무는 다르지 않지. 빛을 향해 높은 곳으로 오를수록 더 깊은 곳, 어둠 속, 심연 속, 불 속, 즉 깊은 땅속에 뿌리를 박는다."[31]

우리는 일어날지도 모를 일에 대하여 긴장하며 나무의 모습에 따라 내면 탐구의 방향을 정하지 않는가?

선견지명이 있는 바슐라르는 또한 이렇게 썼다. "나무처럼 살아라! 그렇게 성장하라! 그렇게 깊어져라! 그렇게 올바르거라! 그렇게 진실하거라!"[32] 빅토르 위고도 "오 식물이여! 정신이여! 물질이여! 힘이여!"[33]라고 했다. 나무에서 우리는 정신을 본다. 정신에서 우리는 나무를 본다.

인간의 정신적 진전은 나무의 움직임, 인내, 그리고 마치 메타 태그*처럼 양립할 수 없는 힘들을 함께 엮는 능력에 맞춰

* meta tag. 하이퍼텍스트 생성 언어(HTML)로 이루어진 문서의 맨 위쪽에 위치하는 태그로 반드시 body 태그 앞쪽에 위치해야 한다. 브라우저와 검색 엔진을 사용할 수 있도록 문서의 정보를 포함하고 있다.

인간과 나무는 다르지 않지.
빛을 향해 높은 곳으로 오를수록
더 깊은 곳, 어둠 속, 심연 속, 불 속,
즉 깊은 땅속에 뿌리를 박는다.

진 듯하다. 나무는 태양의 열기, 만질 수 없는 공기의 농도, 예측할 수 없는 물의 순환, 대지의 어둠으로 이루어져 있다.

나무의 기둥인 몸통 또한 하나의 상징이 된다. 나무 몸통은 접근할 수 없고 서로 대립하는 하늘과 땅 사이를 이어주며, 마치 자극磁極이 서로 마주 대하고 있는 쌍극자雙極子처럼 축을 형성하고 스스로 수렴한다. 시베리아의 주술 기둥이나 아프리카 원주민인 수족의 '포토미탕poteau-mitan'이라는 제단, 프랑스에서 볼 수 있는 5월제 기념 기둥의 상태로 축소된 나무 몸통은 지금도 여전히 지하 세계와 하늘 세계 사이에서 안내자 역할을 한다. 여러 신화와, 신화가 발전한 종교 안에서 나무 몸통은 여전히 대체할 수 없는 우주의 상징이다.

▲▲▲

기독교 전승은 그에 관한 훌륭한 예를 보여준다. 에덴동산이 생명의 나무로 가득 찼기 때문만은 아니다. 성서와 나무, 즉 성서와 식물의 존재에는 실제로 유사점이 매우 많다.

천사 가브리엘과 날개 달린 화분매개 곤충, 예수의 잉태와

* 五餅二魚. 성경에서 예수가 일으킨 기적 중 하나로, 예수가 다섯 개의 떡과 두 마리의 물고기로 5,000명을 먹였다고 전해진다.

오직 식물만이 가능한 자가수정, 목수와 그 직업의 토대가 되
는 나무와의 사투, 오병이어*와 식물 번식, 물 위를 걷는 기적
과 씨앗이나 나무의 부유, 사막에서의 굶주림과 가뭄을 이겨
내는 식물의 내성, 성체성사와 광합성, 십자가와 생명의 나무,
부활절과 봄의 재생, 부활과 휴면을 끝낸 씨앗의 발아, 부활한
예수를 정원사로 착각한 마리아 막달레나 등이 대표적인 사
례다.

  누가복음에 등장하는 삭개오는 예수를 더 잘 보려고 나무
위로 올라갔다. 교회와 기독교 신전 내부를 지탱하는 기둥은
나무의 긴 몸통을 떠오르게 하고, 둥근 천장은 우거진 숲의 윗
모양을 연상시킨다. 프랑스의 작가이자 정치가인 샤토브리앙
François Auguste René de Chateaubriand도 '고딕 양식 교회의 모든 것이
숲의 미궁을 나타내고 있다'[34]는 사실을 발견했다. 바르셀로
나에 있는 안토니오 가우디Antonio Gaudi의 사그라다 파밀리아
성당에 들어가면 숲속에 있는 듯 느껴질 것이다. 우리가 만나
는 전원 풍경 속에서 교회의 종탑은 아주 거룩한 나무인 셈이
다. 예수와 나무는 분리될 수 없는 관계다.

▲▲▲

우리가 그보다 더 먼 옛날 나무에서 정신의 흐름을 탐색했다는 사실은 더 찾아볼 수 있다. 게르만 신화에 등장하는 물푸레나무 이그드라실Yggdrasil, 마야족의 신단수인 세이바나무, 이집트 파라오들의 무화과나무, 바빌론 사람들의 영생의 나무 키스카누Kiskanu, 인도 남부 불교에서 신성시하는 불멸의 보리수 아슈바타Ashvattha, 중국인들이 하늘로 오르는 다리로 여기는 건목建木, 켈트족 신화 속 사제인 드루이드들이 잘라내던 겨우살이 나뭇가지들이 그것이다. 또한 주피터와 도도네의 참나무, 비너스와 도금양, 미네르바와 올리브나무, 미라와 몰약, 포세이돈과 물푸레나무, 헤라클레스와 포플러나무, 불행한 다프네와 월계수 등 고대 신화에 나타난 심원한 자연을 자세히 살펴본다면 기독교 전승과의 유사점들을 찾아낼 수 있을 것이다.

우리의 정신은 숲이 우거진 세계다.

무신론자이거나 불가지론자임에도 태어나면서부터 어린 시절까지 나무를 적잖게 심었고 조상들이 심은 나무를 함부로 베지 않는 사람들이 많다. 나무가 있는 묘지를 만들기 위한 정비 작업을 진행하는 곳이 많아지고 분해되는 유골함을 나무 밑에 묻어달라는 사람도 있다.

빅토르 위고의 꿈은 이것이었다. "엄숙하고도 고독한 나뭇 가지 아래, 그곳이 바로 아무도 모르게 내가 영면하고 싶은 곳, 내가 잠들 때 눕고 싶은 곳이다."[35] 어떤 방법으로든 우리 모두의 꿈도 그와 같지 않을까 싶다.

2장

나무가
세상에 존재하는
방법

PENSER COMME UN ARBRE

존재한다는 것은 그 자체로 우리를 현재와 이어주면서 세
상을 인식하는 타협적인 행동이다. 자신과 세상 사이의 거리
를 없애는 것이자 우리의 지각적 인식이 변질되지 않은 채로
세상에 투여되는 방식이다.

나무는 그 존재감만으로 우리의 정신적 여정에 자주 동행
한다. 여정과 하나가 될 때까지 동행하고 가까이서 살펴주는
나무만큼 세상과 가까운 것은 없다. 나무는 안과 밖이 조화를
이루고 공명하며 땅의 깊이에 예민한 만큼 태양에도 예민하
다. 나무만큼 절제되고 신중하며 매우 적절한 움직임을 가진
생물은 없다. 나무는 근본적이고 중요하며 환원할 수 없는 아
름다움을 가지고 있다. 그리스 철학자 플로티노스Plotinos의 글
처럼 아름다움은 그 존재의 이유가 되는 것이다.[36]

▲▲▲

나무의 모든 것들은 세상에 제공된다.

배아 발육 과정 중 형태 발생의 첫 단계는 15일째에 시작되
는데 그때는 자기만의 세계에 갇히게 된다. 삼배엽 세포 안에
침잠하게 되는 것이다. 그렇게 우리의 형태는 제약을 받고 우
리의 미래는 결정되어 있으며 우리 자신에게 매이게 된다.

세상에서 보편적이고 시간에 구애받지 않는 형태만을 취
해온, 우리의 아리스토텔레스적 문화는 이러한 고립을 악화
시킨다. 기술이 그 틈새를 더욱 벌려놓는 것이다. 이제 우리는
존재하지 않는 시각과 청각의 세계를 경험하는 데 우리의 감
각을 내주며 현실 밖의 세계를 떠돈다. 현실과 단절된 우리의
사고는 현실 주변을 맴돌며 불안에 사로잡혀 있다.

그러니 어떻게 우리가 지속적으로 주변과 섞여 있으며, 생
기 넘치고 자유로운 인터페이스인 나무에 강한 질투를 느끼
지 않겠는가? 나무는 생물들을 서로 연결하고, 대립을 해소하
며 경계를 무너뜨려 상호주관성*을 배가한다. 성급함만큼이
나 경계 짓는 것에 매우 민감한 우상파괴자인 나무는 우리에

---

* 여러 사람들의 주관(主觀) 사이에서 서로 공통된다고 인정되는 것.

게 직접 세상을 보라고 권한다. 육체 단련과 정신 수양을 강조
하는 동양 사상에서 '나무 자세'는 아래로 뿌리박고 위로 뻗어
나가며 주변과 연결된다. 온전히 존재하는 나무가 명상의 자
세로 구현되는 것이다.

나무는
서두르지 않는다

대개 나무는 느리다.

나무는 긴 시간 동안 나이테를 만들어간다. 또한 별의 이동
과 비슷하게 알아챌 수 없는 몸짓으로 주변의 힘과 타협하며
자신의 공간에서 살아간다. 바람과 타협한 결과를 '기억'[37]하
는 나무는 바람의 방향을 따라 허리를 굽히며 성장한다. 나무
는 전혀 서두르지 않는다.

반면, 우리 인간 사회는 미친 듯한 속도로 폭주하고 있다.
천천히 움직이는 것은 사물이나 생물에게 해당되는 이야기
다. 옛날에는 서두름을 잊은 채 나무 그늘 아래에서 단잠을 잤
다. 그러나 시간은 기계화됐고 그 자연스러움은 폐기됐다. 시
간 때문에 돈을 벌기도 하고 잃기도 한다. 인간이 현재 살아가

는 세상은 덧없고 실망스럽다. 우리는 앞도 뒤도 보지 않는다. 민감한 현실에서 해방되어 덧없이 화려한 광경에만 눈이 팔려 있다. 이메일, 문자 메시지, 트위터만으로 짧은 소통을 한다. 시간을 함부로 대한 결과 우리는 그 기억마저 잃었다.

나무의 속도는 느리지 않다. 속도는 시간을 재서 수치화하고 그것을 평가하는 개념일 뿐이다. 생물마다 나름의 속도가 있듯이 나무도 자유롭게 자신의 속도에 맞춘다. 나무는 우주를 관장하는 시간의 주기에 따라 자란다. 이 고요한 존재는 느리게 출현하고 끈기 있게 성장하면서 세상의 속도에 맞추는 것이다. 앞서지 않고 뒤처지지도 않으면서 순응한다. 계절의 변화와 빛의 일상적인 변화에 예민한 나무는 살아 있는 클렙시드라*로 구현된 우주의 시간성을 따른다.

▲▲▲

나무는 우리에게 세상과 친밀해지는 시간을 준다.

우리가 길을 잃었던 바로 그때로 돌아가려면 매일 아침 나

---

* clepsydra, 고대 그리스의 물시계. 밑바닥에 몇 개의 작은 구멍이 있는 항아리로 원래는 물을 긷는 용도로 쓰였다. 이후 물의 유출량을 참고하여 법정에서의 변론 시간이나 초병의 교대 시각 측정에 사용하였다.

뭇가지와 잔가지를 살피며 나무가 자라고 싹트고 꽃피는 과
정을 관찰해야 한다. 그렇게 내면의 혼란을 자연의 메트로놈
에 맞춰보면 좋다. 새나 곤충의 예측 불가능하고 변화무쌍한
움직임과 함께하는 나무의 세심한 우정이 우리를 심오한 시
간성으로 다시 이끈다.

　한편 원예와 정원 가꾸기로 마음이 치유될 수 있다.[38] 원예
가 생물에 쓸데없이 신경을 쓰는 일만은 아니다. 관찰력을 자
극하고 집 안의 오염된 공기를 흡수하며 심지어 땅에서 나온
박테리아로 미생물이 풍부해진다. 또한 나무와 함께하던 그
때로 되돌아가자는 것이자, 다시 인내하며 불안정함을 안고
살아가자는 의미다. 그때로 무사히 돌아가려면 시간을 들여
야 하지만, 대신 우리는 우리 신체의 속도와 요구에 순응하면
서 그만큼 겸손을 얻을 수 있다. 정원을 가꾸는 순간, 사물의
척도가 아닌 세상의 구체성과 사물의 내적 본성을 돌아보게
된다. 우리가 심은 나무가 자라는 것을 보며 미래에 대한 확신
을 심게 되는 것이다.

　특히 우리 시대에는 천천히 성장하며 기르기 까다롭지 않
고 자주 가지치기할 필요가 없어 관리하기 쉬운 식물이 다시
사랑받고 있다. 회양목이 아시아 명충나방에 피해를 보지 않
는다면 측백나무 울타리보다는 이러한 조건에 적합한 회양목

울타리가 인기였을 것이다. 시간을 들여 있는 그대로 자라는 나무만큼 아름다운 것은 없다. 가장 아름다운 나무와 가장 아름다운 숲처럼 가장 아름다운 정원은 우리에게 시대의 특징을 만들어준다. 오히려 열의가 이를 망친다.

모든 정원에는 정원사의 이미지가 반영된다. 정원은 유순하고 시간의 명령에 따르며 응당 잔디를 심고 꽃을 피울 수도 있다. 또한 사회적 요구에서 벗어나 생물의 요구에 먼저 반응하며 '움직이는'[39] 정원으로 남아 있다. 정원은 우리 자신을 지워내지만 한데 연결하고, 또 드러내지만 자유롭게 한다.

결핍이 오히려 다양성을 만드는 식물의 세계

식물 다양성을 볼 수 있는 지역 중 하나인 호주 퍼스Perth의 생태 지역 큉간Kwongan에 갔을 때, 나는 범상치 않은 식물 공존에 금세 압도됐다. 지중해성 기후가 이례적으로 다양한 식물 구성을 만들어낸다는 사실은 알고 있었지만, 1m² 안에 이웃하고 있는 20개, 때론 그 이상의 식물 종이 모인 구성에서 느껴지는 풍부함과 한계 없는 공생에 속수무책으로 당하고 만

것이다.[40] 그런데 이 인상적인 야생 정원은 메마른 모래나 홍토* 위에 펼쳐져 있었다.

이처럼 영양분의 부족과 종의 풍부함이 양립할 수 있다. 심지어 조화를 이루면서 말이다. 토양의 척박함은 식물의 증식에 안정을 주고 구성물 각각이 조화롭게 공생하도록 한다.[41]

모든 식물 생태계에서 식물의 공생뿐만 아니라 생태계의 안정은 영양이 부족하거나 다양한 영양을 공급받지 못하는 결핍 상황에서 더욱 두드러지게 나타난다. 독일 동물학자인 요제프 라이히홀프Joseph Reichholf는 이에 관해 명료하게 설명한다.

"균형은 결핍과 관련 있다. 결핍이 두드러지게 나타날수록 식물의 종은 균형 잡히고 안정되어 보인다. 기본 자원이 부족한 대부분의 서식지에서 알 수 있듯이, 종의 다양성은 그 결핍의 결과로 나타난다. 건조한 초원에서 볼 수 있는 다양한 색채의 꽃들은 이러한 사실을 완벽하게 말해준다. 오히려 민들레의 단조로운 노란빛은 영양분 과잉이라는 표시이기도 하다."[42]

우리는 종종 열대우림의 풍부함은 토양의 비옥함 때문이라고 생각한다. 그런데 이 토양은 넘치는 강우량에 씻겨나간다.

---

* 紅土. 라테라이트(laterite)라고도 한다. 열대 지방이나 온난·다습한 지방에 널리 분포하는 적색 풍화토로 산화 철, 산화 알루미늄, 카올리나이트가 풍부하다.

땅속 비옥함이 재생되는 곳은 땅이 아닌 바로 나무다.

우리가 원시림이라고 생각한 그 숲들은 종종 오랜 기간 농지로 쓰인 탓에 메말라버린 토양을 회복시키고자 공들인 것들이었다. 알려졌다시피 천연두는 스페인의 정복자를 의미하는 콘키스타도르conquistador와 떼려야 뗄 수 없는 관계에 있다. 특히 아메리카 정복은 면역력이 없는 원주민들에게 바이러스를 퍼뜨림으로써 얻은 것이었다.[43] 천연두로 인구가 감소한 지역을 숲이 다시 정복했는데, 무자비하게도 이를 기억하지 못한 채 어떤 사람들은 여전히 이 숲이 원시림이라고 말한다. 오늘날 풍성하고 울창한 열대우림은 농경지로서 쓰였던 긴 역사와 함께 비 때문에 황폐해진 땅에서 이루어졌다.

이러한 점이 우리 사회의 보편적인 표현에 부합하지 않는다. 우리의 안녕과 풍부함은 떨어질 수 없는 관계라고 여기기 때문이다. 질소를 함유한 양분이나 유기 물질을 과도하게 흡수한 민들레가 모두 차지해버린 초원이 그러하듯, 모든 것이 넘쳐나는 우리 사회도 단조로움으로 신음하고 있다.

소비지상주의와 사회적 불평등, 그리고 그것이 환경에 미치는 부작용과는 반대로 절제가 제시하는 대안은 그리스 철학자 에피쿠로스가 지향하는 행복이다.[44] 즉 절약이나 옛날처럼 불편하게 살자는 것이 아니라 에너지, 양식, 물의 합리적인 소비로 돌아가자는 이야기다. 또한 과잉의 유혹에 더 이상 넘어가지 말고 서로 도우며 공존의 가치를 높이자는 뜻이다. 과거로 돌아가자는 의미가 아니기 때문에 우리는 나무의 생존 방식에 새로운 가치를 부여하면서 그것에 영감을 얻어 발전할 수 있을 것이다.

인간에게도 결핍이 친목을 북돋우고 예기치 못한 협동을 가져온 좋은 예가 있다. 제1차 세계대전 때 많은 사람들이 증명한 것처럼 동지애가 함께 지옥 불에 떨어진 사람들 사이의 거리를 좁혀주었다. 결핍이 내재된 참사는 희생자를 가리지 않고 모두에게 연대감의 손길을 뻗게 만든다.

나무의 상부상조는 말할 것도 없다. 나무의 긍정적인 상호작용에 대해 과잉 해석할 것도 없이 우리는 나무에게서 함께 사는 기술을 배울 수 있다. 결국 인간 사회처럼 식물들 사이에서도 행복한 공존을 망치는 것은 바로 불평등한 양분의 공급이다. 모든 생물 세계에서 인간의 경우처럼 나무의 경우에도 부족이 아닌 절제가 다양성과 공존의 기반이 된다.

나무를
새롭게 인식하다

나무가 예민한 성향을 지니고 있지만, 그렇다고 내향적이지는 않다. 장기臟器도 내면의 세계도 없는 나무는 철저히 외부를 향해 있다.

나무를 정의하자면, '밖으로 드러나 많은 가지를 치고 곧게 서며, 땅과 하늘에서 자양분을 얻고 개체화된 동시에 결합된, 살아 있는 껍질'이라고 할 수 있을 것이다. 이러한 정의에는 설명이 조금 더 필요하다.

무엇보다도 이는 '껍질'이라는 단어의 다의적 특성을 이용한 정의다. 껍질이라는 단어는 표면은 극대화하고 부피는 최소화한, 기하학적인 의미를 담고 있다. 이 단어는 우리에게 나무의 형태가 그 역사를 말해준다는 점을 알려준다.

개체화되고 결합되어 있다는 말은 나무를 다차원적으로 인식한 괴테Johann Wolfgang von Goethe의 시각을 참조한 것이다. 나무는 자유롭게 싹을 틔우는 단위들로 구성되어 있는데 이 단위들은 성장하면서 땅에 뿌리를 내리는 데 헌신하는 동시에 결합의 원칙에도 복종한다는 의미다.

나무의 사전적 정의는 세상과 접촉하는 나무의 겉모습을

강조하면서 세상과 관계를 만들고 무궁무진한 다양성 안에서 그 관계를 보살피는 나무의 능력에 중점을 둔다. 이를 '밖으로 드러난다'고 표현한 것이다. 이는 라루스 백과사전*의 정의와 비교해볼 만하다. 이 사전에는 나무를 '가지가 달린 줄기와 몸통이 있는 식물로 큰 차원에 도달할 수 있다'라고 적혀 있다. 그러나 나무의 본성에 대한 언급은 없다.

▲▲▲

우리는 나무 표면의 근본적 특징을 종종 잊는데, 그 이유는 이를 표현한 수치가 우리의 능력치를 넘어서기 때문이다. 많은 사람들은 3m 높이의 기름야자나무가 지상에 노출된 부분이나 호밀 모종 뿌리의 표면적이 400m²에 이른다는 것을 생각하면 거북해진다. 이 면적은 210명의 육체 표면적에 맞먹을 정도의 수치다.

높이 40m인 나무의 경우 지상에 노출된 부분의 표면적은 1만m²를 넘어선다.[45] 즉 5,260명의 육체 표면적을 합한 것과 같다. 이 표면적 조사에는 더 길어질 수 있는 나무의 뿌리와

* 프랑스의 라루스 출판사에서 간행한 프랑스의 대표적인 백과사전으로 1960년에서 1964년 사이에 10권, 1968년에 보유(補遺) 1권을 간행하였다.

균류*의 균사菌絲 조직을 취합한 표면은 포함하지 않았는데도
말이다. 그것들까지 함께 계산하면 분명 수만 명의 표면적과
비슷할 것이다.

 간단하게 숫자로 옮겨 적었을 뿐인 이 표면적은 우리가 머
릿속에서 떠올리는 나무의 표상과 맞지 않는다. 우리는 나무
를 떠올리면 몸통을 시작으로 부피를 먼저 생각한다. 이는 나
무를 살아 있는 몸통으로 보는 것이 아니라 우리에게 아낌없
이 주는 묵직한 목재로 생각하며 죽은 부분까지 한데 묶어버
리기 때문이다. 우리가 태어나면서부터 몸에서 버린 모든 죽
은 세포와 노폐물 등을 생각하는 셈이다.

 나무에서 영감을 얻는 것이 어려운 가장 큰 이유는 우리가
나무를 바라보는 방법을 모르기 때문이다. 살아 있는 존재가
표면을 넓힌다는 것은 교류 가능성, 외부와의 공유 영역, 예민
한 부분을 확장한다는 것을 의미한다. 세상에서 존재감도 향
상된다. 나뭇가지와 비슷한 구조인 폐의 모세기관지를 통해
호흡하는 우리는 그 자체로 우리가 세상에 결합되고 세상을
우리에게 결합시키는 특별한 능력을 지니고 있다. 그래서 현
상학자들은 우리 안의 자연 감수성이 매우 강력해서 세상과
교류할 수 있다고 말한다.

* 菌類 광합성을 하지 않는 하등식물을 통틀어 이르는 말.

나무는 비아非我와 교류하는 능력이 이처럼 출중하기 때문
에 나무를 그렇게 자주 바라보지 않았다 하더라도 자신을 부
끄럽게 여길 필요는 없다. 나무는 우리처럼 호흡한다. 그런데
땅에서 물을 흡수하고 증발시켜 하늘로 옮기면서 나무는 우
리보다 더 많이 세상과 교류한다. 게다가 광합성을 거쳐 공기
와 빛이라는 재료를 살아 있는 물질로 바꾼다.

🌲🌲🌲

나무는 하늘과의 관계에서 우선권을 누린다.
땅이 가진 생물량의 대부분, 적어도 지상에 노출된 거의 대
부분은 나무이기 때문에 우리는 나무의 표면적 특성이 나무
의 성공과 무관하지 않다는 점을 고려해야 한다. 나무는 자신
에게 의지할 뿐만 아니라 세상에도 의지할 줄 안다. 반면 우리
는 오히려 세상을 복종시키고 우리의 입맛에 맞추려고 한다.
이 얼마나 상반된 태도인가!
나무처럼 세상을 향해 열려 있고 헌신하는 것, 자신 아닌 것
들을 자신 너머에 있는 것으로 인식하고 외부의 힘과 화합하
며 이를 굴복시키려 하지 않는 모습을 통해 우리는 우리 삶을
더욱 안락하게 만드는 방법을 배운다. 요컨대 목동은 양을 억

지로 걷게 하지 않고 함께 거닐며 양 떼와 화합할 줄 안다. 화
전을 일구는 농부는 비슷한 방법으로 불을 다룰 줄 안다. 소방
관 또한 전면에서 불을 진압하기보다는 산불과 타협하는 것
을 선호한다. 목동, 농부, 소방관은 나무와 공통점이 있다.

우리는 내면에 깊게 박힌, 거만함이 극대화되어 나타나는
자만심을 버려야 한다. 그러면 정신의 유연함과 세심한 주의
력을 연결하는, '힘, 시간, 공간의 특별한 구조'[46]이자 지혜의
형상인 메티스*를 발견하게 될 것이다. 메티스만으로 측량이
나 정확한 계산, 엄격한 논리에 맞지 않는 상황에 대응할 수
있다.[47] 마치 모든 일이 나무가 메티스를 알고 있어서 일어나
는 것처럼 말이다.

나무에서 지혜를 찾아야 한다면, 자기중심에서 벗어나 세
상과 영원히 화합하는 나무의 능력에서 우선 찾아보자.

---

* Metis, 바다의 신 오케아노스와 그 여동생 테티스 사이에서 태어난 티탄 신족의
  여신으로 제우스의 첫 번째 아내이자, 지혜의 여신 아테나의 어머니다. 신인 중에
  가장 현명했다고 한다.

환경과 분리되지 않고
융화한다

　나무는 주변 환경과 융화한다. 그리고 환경 안에서 환경과 함께 성장한다. 나무와 환경은 서로 밀어주며 영속하는 불가분의 관계다.

　가을날 바닥에 쌓인 나뭇잎들은 잎을 틔운 나무의 것일까, 아니면 곧 뒤섞이게 될 땅의 것일까? 아니면, 무생물과 생물을 결합하는 혼합 구조물인 땅은 그 자체로 나무의 뿌리를 포함하는 것일까? 나무는 땅에서 물을 흡수한 뒤 증발시키며 배출을 조절하고 공기 중 응결을 촉진한다. 물과 탄산가스를 결합해 살아 있는 물질을 얻는 나무로부터 막대한 영향을 받으니, 이 물은 진정 나무와 분리될 수 없는 것일까?

　나무가 세상을 너무 힘차게 움켜잡은 까닭에 나무는 세상과 더 이상 분리될 수 없다.

　우리는 우리가 고찰하는 개체와 그들 주변의 환경을 분리하는 경향이 있다. 나무는 이러한 경향을 회피하지 않는다. 개체와 환경의 분리는 우리의 분석적 사고에 여전히 필요하며, 이러한 분리가 없다면 우리는 개체와 환경 사이에서 일어나는 관계들을 연구할 수 없을 것이다. 이때 이 분리는 자의적이다. 인식론학자인 조르주 캉길렘Georges Canguilhem에 따르면 '생물의 개체성은 외배엽*의 경계에서 멈추지 않기' 때문이다.[48] 생물과 세상은 단단히 얽혀 있다. '살아 있다는 것은 사방으로 뻗어나간다는 것이고 본래의 의미를 잃어야 스스로 참조될 수 있는 참조의 원천으로부터 환경을 조직하는 것'이기 때문이다.[49] 생물이 없는 세상, 세상이 없는 생물은 생각할 수 없다. 모든 것이 하나다.

메를로퐁티에게 주체**는 그 자체로 충분하지 않고 데이비드 에이브럼에게 개체 본래의 근육은 주변 세상으로 뻗어 있다. 일본의 영장류학자이자 철학자인 이마니시 킨지Kinji Imanishi에 따르면 개체와 환경의 분리는 그 자체로 의미가 있는 하나의 시스템에서 개체와 환경을 떼어놓는 것과 같다. 그는 또한 이렇게 적고 있다.

"우리의 몸과 생명은 세상과 분리되어 완성된 시스템이 아니다. 몸과 생명을 개체의 육체에 한계 지을 이유가 없다."[50]

이는 나무뿐 아니라 다른 형태의 생물에도 적용된다. 그러나 반대로 생물이 그들 각각의 환경에 응집된 경우 생물과 환

---

* 후생동물의 발생 과정에서 생기는 배자(胚子)의 원시 배아층 가운데서 바깥층을 형성하는 부분. 표피와 표피의 유도 조직, 모든 신경 조직, 감각 기관, 항문과 구강의 내면으로 발달한다.
** 사회적 맥락에서 구성되는 몸.

경의 관계는 분리할 수 없을 정도로 강력하지는 않다.

♠♠♠

기후변화는 생물계의 미래가 곧 나무의 미래라는 사실을 의미한다. 또한 나무가 만든 환경의 한 구성 요소인 우리에게도 해당되는 이야기다. 지구온난화는 전 세계 식량 안보와 물 공급을 위협한다. 그 결과는 쉽게 예상할 수 있듯이 집단 이주와 대규모 사회정치적 분쟁으로 드러났다. 건강한 상태로 숲을 보존하는 것은 기후 안정화와 수자원에 중요한 전제조건이라는 점이 밝혀졌다.[51] 나무와 세상, 그리고 나무와 우리 자신이 융합되어 있다는 중요한 관점에 등을 돌리는 것은 우리의 미래에 등을 돌리는 것이다.

울창한 숲은 증발산을 통해 대기 중 습도를 다시 채운다. 지역 또는 인근까지 비가 내리도록 하는데, 수증기 응결핵처럼 작용하는 휘발성 물질을 내뿜으며 비를 유도한다. 빗물의 유실을 막고 유입을 도우며 지하수를 다시 채운다. 또한 숲은 태양 에너지의 일부를 모으고 저장해 유기물의 형태로 다시 공급한다. 그러나 울창한 숲을 자연산 실내 공기조절기로 부르는 것은 옳지 않은 듯하다. 모은 열이 대기 중으로 다시 흩어

지지 않기 때문이다. 다행스럽게도 이 열은 광합성으로 만들어진 유기물 안에서 화학 에너지로 변환된다.

▲▲▲

우리는 또한 나무의 뿌리가 때로 다른 종의 개체에서 나온 뿌리와 자주 소통한다는 것을 알고 있다. 지하의 키메라* 같은 균근菌根을 만들기 위해 균사의 실뿌리와 서로 연결된 잔뿌리에서 이러한 소통의 표시를 더욱 분명하게 관찰할 수 있다.

그러나 다른 키메라도 있다. 다프네, 미르라, 키파리소스, 헬리아데스, 하마드리아데스의 신화를 넘어서 나무의 껍질 아래에서 살아 움직이는 여성의 육체가 있다. 물론 상상이기는 하지만 꽤 오랫동안 전해 내려온 이야기다. 프랑스의 시인 피에르 루이Pierre Louÿs도 그의 시에서 "숲의 나무는 매우 아름다운 여성이다. 껍질 아래에서 잘 보이지 않는 육체가 살아 숨쉰다"라고 묘사했다. 그래서 오늘날 유행하는 나무를 껴안는 행위는 월계수나무를 꽉 끌어안은 아폴론과 그 아래에서 떨

---

* Chimera, 그리스 신화에 등장하는 사자의 머리에 양의 몸통, 뱀의 꼬리를 한 괴물로, 생물학에서는 한 개체 내에 서로 다른 유전적 성질을 가지는 동종의 조직이 함께 존재하는 현상을 말한다. 종류가 서로 다른 둘 이상의 식물을 접목해 자라난 식물체가 양쪽의 성질을 닮는 현상도 이에 해당한다.

고 있는 다프네를 떠올리게 한다.

　마다가스카르에서 바오밥나무는 어머니를 의미한다. 숲의 어머니, 즉 죽은 아기를 흰 침대보에 감싸 둘러맨 어머니인 것이다. 이와 비슷하게 샤토브리앙의 《아탈라Atala》에서도 여성들이 나뭇가지에 죽은 아이를 매달아 부드럽게 흔들며 노래로 아이를 달래는 장면이 등장한다.[52]

　세상 어디에서나 나무는 여성으로 변태됐으며, 숲은 모체로 인식되었다. 이러한 점은 영장류인 인간이 기나긴 진화 여정 동안 숲과 융화했다는 사실을 깨닫게 한다.

대립 없는 공생으로
보답하는 나무

　동물이 이동과 포식 기능을 가진 것과 달리, 나무는 움직일 수 없다. 나무는 다양한 과정의 보답을 통해 동물계에서 이러한 기능을 끌어온다.

　나무는 생리학을 연구할 때 다루는 메타유기체*다. 메타유

---

* 다수가 모이면 개별 능력을 훨씬 뛰어넘는 능력이 발휘됨을 의미한다. 전형적인 예가 개미 군체다.

기체로서 서로 연결된 미생물들은 구성 세포의 능력을 단연 능가한다.[53] 나무가 가진 함께 사는 기술과 가장 높은 수준에 도달한 협력의 기술을 실천하는 것이다. 우리처럼 나무도 미생물을 가지고 있는데, 이 미생물 조직을 이용해 생명에 필수적인 부분을 충당한다. 그런 면에서 식물과 동물은 차이가 없다. 다만 식물이 더 많은 미생물을 가지고 있을 뿐이다.

　뿌리에서 결합하는 콩과 식물과 질소고정박테리아*의 관계는 이미 잘 알려져 있는 반면, 꽃과 박테리아의 결합은 그것보다 덜 알려져 있다.

　꽃은 우선 동물계에 자원(꽃꿀(넥타)과 꽃가루)이 되지만 때때로 다른 생물들의 서식지가 되기도 한다. 바르셀로나의 생물학자 연구진은 최근 딱총나무Sambuscus nigra 꽃잎에 넓게 항생물질을 바르면 향기가 덜 퍼진다는 점을 발견했다.[54] 이로써 테르펜을 분비하는 박테리아군의 존재가 밝혀졌다. 테르펜 생성 박테리아가 항생물질에 의해 파괴되어 향기가 나지 않았던 것이다. 테르펜은 꽃의 수분에 더없이 중요하다. 특히 꽃꿀을 먹는 곤충들을 유인하기 위해서는 반드시 필요한데, 곤충들이 식사를 즐기는 도중에 본의 아니게 꽃가루를 묻혀

---

*　질소고정효소로 공기 중에 존재하는 유리질소를 고정시켜 암모니아나 아미노산을 합성하는 박테리아.

놓고 가기 때문이다.

때로 꽃의 가장 미묘한 향기는 오직 식물 미생물의 발산과 관련이 있다. 딱총나무를 포함한 매우 다양한 식물 종의 경우에는 박테리아가 직접 발산하는 꽃향기가 특히 중요하다. 곤충과 우리는 꽃 냄새를 맡는다고 생각하지만, 실제로는 박테리아 향기를 흡입하는 것이다. 꽃과 박테리아의 결합은 진정한 융합에서 시작되었다. 이와 마찬가지로 우리는 이제 딸기 향기가 딸기나무 박테리아와 관련이 있다는 것을 알게 됐다.[55] 이렇게 박테리아에 대한 우리의 시선이 바뀌는 것이다.

🌲🌲🌲

앞서 언급한 다른 형태의 공생 관계에 대해 오랫동안 연구가 진행되어왔지만, 우리는 이제야 비로소 식물계의 영향 아래서 공생의 중요한 역할에 대해 평가하기 시작했다. 균의 근본적인 생물적 결합인 균근은 19세기 중엽에 발견됐지만, 그 역할은 1950년에야 비로소 알려졌다. 외생균근*에 대응하는

---

* 外生菌根. 주로 줄기나 뿌리가 비대한 목본식물(木本植物)에서 발견되며, 곰팡이의 균사가 기주 식물(초식성 곤충이나 그 애벌레의 먹이가 되는 식물)의 세포 안으로 들어가지 않고 기주 식물 세포 밖에서만 머무는 현상.

내생균근*의 경우, 뿌리 조직의 표면뿐 아니라 세포 내부에까
지 균이 침투한다는 사실을 알 수 있다.

나무의 90%는 이런 방식으로 뿌리 체계가 점점 길어지면
서 영양분과 유사한 형태로 질소, 인, 칼륨, 마그네슘 그리고
구리, 아연, 망간과 같은 미량원소 등 만나기 어려운 영양분까
지 흡수할 수 있다. 뿌리는 균사라 불리는, 지름이 0.01mm가
넘지 않는 미세한 섬유를 통해 지하 세계를 100배 멀리까지
탐사할 수 있다. 셀 수 없이 많고 멀리까지 뻗어나가는 균사
덕분에 나무는 뿌리로 직접 흡수하는 물 외에도 다른 것을 더
보충할 수 있게 됐다. 이처럼 균근은 질병과 나무를 쇠약하게
만드는 기생충에 대항하는 힘도 길러준다.[56]

뿌리의 이러한 소임의 대가로 나무는 균류가 만들 수 없는
당을 광합성으로 만들어 20~40%를 균류에 내어준다. 심지어
받는 것 이상으로 보답하는 바람에 이러한 보상이 나무의 성
장을 억제하기도 한다. 그러니 '인심이 후하다'고 과대 해석한
다면 잘못 이해한 것이다.

균근을 이용할 수 없었다면 식물은 지상 환경을 효율적으
로 점령하지 못했을 것이다. 이러한 관점에서 데본기, 즉 3억

---

* 內生菌根. 균사가 여러 식물의 뿌리에서 뿌리털, 표피 세포, 피질 세포 등 식물 뿌
  리 조직 안에 직접 들어가 공생체를 형성하는 균근.

6000만 년부터 4억 1600만 년[*]까지 존재했던 원시식물의 뿌리는 '균류 재배실'이라 할 만했다. 어떤 면에서는 식물을 균류 재배자라고도 할 수 있는데 잎꾼개미들에게 균류를 재배하도록 기한을 주기 때문이다. 잎이 없는 초본식물草本植物이 뿌리를 뻗으며 초본식물의 초원을 단숨에 숲으로 만든 것도 같은 시기였다.[57]

불행히도 기존 농업은 땅 밑에서 일어나는 이 협업 기능을 좋게 평가하지 않는다. 재배된 나무에 비료로 영양분을 공급하면 나무는 공생하는 균류에 영양분을 공급하지 않아 결국 균류는 곳곳에서 사라져버린다.

나무가 사회생활의 모델을 제시할 필요는 없다고 하더라도 최소한 나무가 보여주는 대립 없는 공생, 즉 나무에게 매우 이로운 이 공생에 대해 숙고해볼 필요는 있다. 나무의 이러한 협업 기능은 극에 달한 사회적 불평등과 과열 경쟁, 그리고 과대평가된 개인주의의 시대를 사는 우리에게 영감을 줄 수 있을 것이다.

---

[*] 국내에서는 일반적으로 데본기의 기간을 약 3억 9500만 년부터 3억 4500만 년 전으로 추측한다.

나무의
예민한 감각

생물의 감각은 생물이 사물과 관계를 맺을 수 있게 한다. 반
대로 지각된 사물이 하나의 경험으로 녹아드는 것도 바로 이
감각 때문이다. 세상에 존재한다는 것은 삶과 환경 사이에서
서로 관계를 느끼는 것이다. 이는 자신이 아닌 것에 마음을 열
라고 요구한다.

식물이 그런 존재다. 식물은 보지 않고 듣지도 않은 채 멀리
떨어져서 지각을 통해 세상과 연결되어 있음에도 불구하고
촉각이나 화학적 자극에 대해 당황스러울 정도로 예민하다.
식물의 예민한 표면은 우리가 지각할 수 없는 것을 감지한다.
살아 있지만 움직임이 보이지 않는 작은 물체의 이동이 만들
어내는 미세한 진동, 즉 공기 중에 떠다니며 분산되는 분자나
태양이 퍼뜨리는 광전자들, 고요하게 미끄러지는 여러 물 분
자까지, 주변에서 놓치는 것이 거의 없을 정도다.

식물은 서로 다른 데서 오는 이 자극들을 구별할 수 있을
까? 예를 들어, 담배 식물의 잎은 박가시나방 애벌레가 기어다
니거나 주둥이로 자신을 건드리는 것과 곤충의 타액 성분에
화학적으로 반응하는 것을 지각이 주는 정보로 구별하는 것

일까? 아니면 이 두 가지를 동시에 작용하거나 분리할 수 없는 감각, 즉 공감각적으로 감지하는 것일까? 우리를 쫓아오며 짖는 개를 볼 때, 우리 시각과 청각이 때때로 유일하게 존재하는 극도로 예민한 기관이 되어버리는 것[58]과 마찬가지로 식물의 감각도 이와 비슷하게 작용할지도 모른다고 상상해볼 수 있다.

식물은 특수한 개체들이 아닌 모든 세포로 감각을 느끼기 때문에 감각은 복합적으로 나타난다. 나무는 새싹과 새싹의 성장으로 대표되는 살아 있는 개체들의 집합체라고 여겨질 수도 있다.[59] 괴테의 견해대로 메타유기체의 통합된 개체들처럼 나무는 고등의 감각 형태를 가지고 있는 것이다.

나무는 인간의 뇌 또는 그와 유사한 기관이나 감각 전달장치가 없어서 내부에 통합된 민감도를 갖춘 여러 감각을 이용한다. 이러한 '모듈module'을 구성한 나무는 그 자체로 감각의 여러 결정면을 가진 만화경이 된다. 나무의 감각은 프랙털*이다. 나무의 건축 구조가 그 자체로 프랙털이기 때문이다.

마찬가지로 나무의 응집된 감각은 응집된 구조와 관련이

---

* fractal, 임의의 한 부분이 전체와 닮은 형태로 되풀이되는 구조. 미국의 수학자 브누아 망델브로(Benoit Mandelbrot)가 제시하였다. 무질서한 모양이라도 일정한 기하학 구조로 되어 있다는 이론으로, 자연에서는 구름 모양이나 해안선 따위에서 볼 수 있다.

있다. 나무는 세상을 지각하는 데 우리가 상상조차 할 수 없는 개체화된 방식을 가지고 있다.

▲▲▲

꽃은 나무처럼 예민한 표면으로 전체가 구성되어 있다. 괴테의 시각을 다시 빌려오면, 꽃은 잎이 딸린 식물이 변태한 산물이다.[60] 이러한 진화로 인해 꽃으로 변태한 잎의 예전 감각들이 반드시 사라지는 것은 아니다. 꽃은 식물에게 특히 예민한 부분인 듯하다. 꽃을 생식을 위한 구성 요소, 심지어 생식기관으로 축소하는 것은 분명 단순한 해석이다.

그런 점에서 식물의 감각에 대한 연구에서 꽃보다는 잎이 주요 연구 대상이 된다는 것은 애석한 일이다. 어떻게 다른 생물과의 은밀한 만남을 주선하는 (곤충으로 수분이 이루어지는) 충매식물蟲媒植物의 꽃에 성적인 예민함이 없다고 상상할 수 있겠는가? 독일의 식물학자 루돌프 야코프 카메라리우스 Rudolf Jakob Camerarius의《식물의 성에 대한 서간Ueber Das Geschlecht Der Pflanzen》이 출간된 1694년까지만 해도 상상할 수 없는 일이었다. 그런 점에서 꽃에게 성이 있다는 사실을 인정하는 것은 위대한 발전이었다. 하지만 우리에게는 꽃의 감각돌기의 기능 중 하나인 생식을 넘어서, 그 감각돌기가 지니는 주요한 의미를 파악하는 일이 남아 있다. 꽃은 살아 숨 쉬는 이타성을 지닌 존재이자, 이를 통해 타자를 유혹하는 식물의 유일한 일부[61]다.

이탈리아 식물학자인 스테파노 만쿠소Stefano Mancuso는 그의 저서《매혹하는 식물의 뇌Verde brillante. Sensibilit? e intelligenza del mondo vegetale》에서 식물은 20여 가지의 다른 감각을 가지고 있다고 했다.[62] 그러나 흥미롭게도 파리 잡는 끈끈이주걱 같은 육식식물의 꽤나 특이한 쾌거를 상세히 기술할 때만 생물에 대한 식물의 감각을 언급한다.

이타성을 느끼는 식물의 감각은 식물 전체와 떼려야 뗄 수 없는 관계다. 모든 형태의 생물에 대한 이러한 감각이 나무의 특징을 잘 설명해준다고 할 수 있다.

나무는 생명의 감각을 극대화하여 보여준다.

3장

———————————————

나무와 함께
살아가기

———————————————

PENSER COMME UN ARBRE

나무는 마치 예민한 표면과 합쳐지듯 세상과 맺은 관계에
서도 합쳐진다. 세상을 마주 보고 세상에 적응하고 세상 속에
서 영속한다. 또한 자신의 한계를 뛰어넘어 자신을 밖으로 끌
어내는 내면의 약동에 순응하며 변화한다.

나무의 약동이 나무를 만들고 뻗어나가게 하며 자기중심에
서 벗어나도록 한다. 둘로 분열되며 무성생식으로 복제되는
것은 더 이상 자신을 자기 안에 가두지 않고 내부의 미는 힘에
순응함을 의미한다. 자신을 포기함으로써 조립품의 일부가
되듯 유기적 구조의 모듈식 반복에 따라 한층 더 뻗어나가게
되는 것이다.

뿌리에서 나오는 줄기인 흡지吸枝는 모체에서 분리되어 몇
미터 떨어진 채, 때로 모체와 똑같은 형상을 하고 있는데 그
덕분에 나무의 구조는 모듈식 반복으로 만들어진다. 연속성
과 규칙적 변화를 기반으로 하여 종 본래의 건축적 표현[63]에

따라 특수한 나무 구조가 탄생한다.

이렇듯 나무 형태는 모듈식 내부 힘과 환경의 외부 힘이 결합한 결과다.[64] 나무는 자신의 환경을 직접 만들기 때문에 이 두 힘의 작용은 때때로 분리할 수 없다. 나무의 내재성과 외재성이 하나의 시스템을 이루는 것이다. 나무와 주변 환경은 서로 의존하고 가역성 있는 감각에 따라 화합한다.

하나
그리고 여럿

나무는 무성생식으로 번식하며 개체화된다. 한 공간에서 불명확하지만 완전한 형태에 도달할 때까지 기본 형상을 더하며 정해진 클론clone의 모듈에 따라 형태가 확장된다.

해가 갈수록 나무는 가지를 치며 조밀해진다. 나무 조직의 각 단계는 최초의 모듈에서 파생된다. 복잡해지고 조밀해지며 분리되면서 나무는 개별화되는 듯하다. 우리는 나무를 하나의 몸통으로 착각하면서 식물계에 우리의 동물성을 투사하며 동물중심주의에 넘어가고 만다. 나무가 일원적이면서도 다원적인 삶의 방식 덕분에 분산되는 반면, 우리는 나무가 단일하고 응집된 하나의 총체로 모인다고 생각한다.

나무에게 단일과 다원은 공존의 개념이기에, 나무가 다른 존재의 우위에 서는 일은 없다.

번갈아 싹이 트거나 홉지가 올라오는 형태로 나무는 자신의 생명을 재생산한다. 나무는 그렇게 통합된 모듈의 결합체[65]로, 모든 클론의 후손은 여전히 자신의 특성을 잃지 않는다.

수십 미터나 이어진 철사로 복잡한 형태의 나무를 만드는 '나무조각가' 세바스찬 보즈니카Sébastien Woznica의 작품은 이러한 결합체의 본질적 연속성을 예술적으로 설명한다. 식물의 클론 결합체는 유기적이고 물질적이며 기능적인 연속성에서 유래된다. 따라서 영양분, 식물호르몬, 일부 생성물질의 교류는 클론 단위에서 이루어진다.

클론을 통해 복제된 후손들이 서로 연결이 끊어진 채 스스로 무성생식을 하는 이러한 능력을 해석하기는 쉽지 않다. 클론화는 양, 돼지 그리고 최근에는 원숭이까지 무성생식이 가능해진 기법이다.[66] 또한 시험관의 세포배양을 거쳐 식물이 가지고 있는 기질을 동물에게 줄 수도 있다. 실제로 식물계에 있는 꺾꽂이, 휘묻이, 발아는 클론의 보편적인 한 형태다.

인간의 눈에 모든 클론화는 독립된 개체를 만들어내는 것처럼 보인다. 그래서 우리의 동물적인 현실에서는, 하나 그리고 여럿이 존재하기나 또는 둘 다 될 수 없는 나무의 능력을 상상할 수 없다. 이러한 식물과 동물의 유기적 불일치는 우리의 생각을 넘어선다. 우리는 나무에서 몸통, 머리, 발 심지어 눈(싹눈)까지 인식하더라도 육체는 결코 보지 못한다. 그래서 우리의 모습에서 나무의 모습을 찾고자 하는 욕망은 항상 강력하다.

발현하는 과정에서 하나 또는 여럿과 양립하는 것이 나무를 더욱 강하게 만든다. 나무들은 개체와 공동체가 자신을 넘어서서 더불어 약동하며 세상에 몰입하기로 동의한 뒤로는 서로 대립하지 않는다. 반대로 인간 세상에서 개인주의와 공동체는 조화롭게 공생하지 못한다.

♠♠♠

그러나 꿈을 꿀 때, 우리는 꿈속에 여러 등장인물이 되어 우리의 말과 행동이 자유로워진다. 마찬가지로 내 안에서 여러 자아와의 공존은 이 자아들 중 하나가 다른 자아를 몰아내지 않는다면 문제가 되지 않는다. 이렇듯 우리 안에도 나무의 존재 방식이 조금은 남아 있다. 아직 잠들어 있을 뿐이다.

나무의 연합 구성은 우리에게 죽음에 대한 의문을 다시 제

기한다. 이 연합은 언제 끝나게 될까?

이 의문은 산호를 구성하는 폴립* 군집보다 나무에 더 적절하다. 군집이라 불리는 모듈식 구조에 따르면 나무가 군집과 대부분 유사하지만 말이다.[67] 그러나 폴립이 성性을 통해 분화된 이후 폴립 군집은 늙고 죽어버리기 때문에 완벽하게 유사하지는 않다.[68] 나무는 어떻게 하나가 아닌 공동체의 죽음을 막을 수 있는 것일까? 또한 나무의 연합 구성은 최후에 어떤 단계를 거쳐야 완전히 사라지게 되는 것일까?

알베르 카뮈Albert Camus는 문명은 쉽게 죽지 않는다고 썼다.[69] 이 점에서는 나무도 문명과 비슷하다.

나무는 한 장소에 억류되지 않은 채 시간 속에서 미완성으로 영속한다. 싹틀 때까지 끊임없이 재생되는 삶의 원천인 분열조직 덕분에 심지어 가장 늙은 나무도 공간에서 영원히 뻗어나갈 수 있는 능력이 남아 있다.[70] 나무의 형태가 정해진 대로 형성되거나 나무의 성장이 멈춘 듯 보여도 그것은 우리의 착각일 뿐이다. 무궁무진한 내부의 원천 덕분에 나무는 마지막 몇 년 동안에도 몇 밀리미터씩 계속 성장한다. 몇몇의 새로

---

* polyp. 강장동물의 기본적 체형으로, 몸은 원통 모양이며 위쪽 끝에 입이 있고 그 주위에 몇 개의 촉수가 있다. 몸의 아래에는 족반이 있어서 바위 따위에 붙어 생활한다. 출아로 증식하여 히드라처럼 단체(單體)인 것과 군체(群體)를 이루는 산호류 따위가 있다.

운 클론 모듈이 증대되기도 한다. (꽃을 피우거나 과일을 맺는) 나무의 생식은 세월에 따라 변질되는 경우가 극히 드물다. 오히려 세월과 함께 대부분 안정되고 성장하기까지 한다.[71]

영국 애버리스트위스대학교의 생물학자인 하워드 토마스 Howard Thomas에 따르면 나무에 영향을 주며 발현되는 시간의 유일한 형태는 '열 시간thermal time'이라 불리는 것이다.[72] 냉장고에 보관한 채소가 실온에서보다 천천히 상하는 원리다. 그의 관찰에 따르면 겨울철 시골에 있는 나무에서 잎이 떨어질 때처럼 나무에 죽은 모습을 드리우는 것은 이 열 시간뿐이다.

나무가 실제로 죽었다 해도 끝난 것은 아니다. 물론 나무가 천수를 다하는 것도 아니다. 외부의 힘이 나무의 뿌리를 뽑고 부러뜨리며 썩게 하고 태우기 때문이다. 세상에서 가장 오래된 나무로, 추정 연령이 5067년인 소나무Pinus longaeva 므두셀라Methuselah에 대한 연구들은 나무가 어떤 생리학적 결함도 없이 분열조직의 총체를 유지하면 생명력을 오랫동안 이어갈 수 있다는 사실을 보여주었다.[73]

어떤 순간에 외부의 힘이 나무를 죽게 하는 것일까? 그리고 우리는 이 죽음을 어떻게 생각해야 할까? 이 위대한 여정에 대한 수수께끼는 인간보다 나무와 더 관련이 있을 것이다.

다름을 받아들이고
나아가는 나무

이타성을 가르치기 위해 몽테뉴Michel Eyquem de Montaigne는 "내 생각을 타인의 두뇌에 문질러 다듬어야 한다"라고 조언했다.[74] (요즘 식물에 대해 마법 같은 생각을 가진 사람들은 실망스럽겠지만) 식물은 뇌가 없으므로 나무처럼 이타적으로 생각할 때에만 나무를 바라보는 시선이 정확해진다.

우선 나무를 마주 보며 자기중심에서 벗어나려고 해야 한다. 그러면 나무와 우리 사이에 세워진 거울로 우리의 시선이 저절로 향하게 된다.

우리가 나무를 주체뿐만 아니라 우리와 닮은 객체로도 인식하지 않는다면 우리는 나무에 반사된 우리의 모습만 어렴풋이 볼 수 있을 뿐이다. 그 결과, 나무가 순수한 아이들만 감지할 수 있는 기운을 만들어내고 우리의 혼란스러운 생각을 읽어내며, 멜로디에 따라 단백질 생성을 조절하거나 같은 종끼리 함께 산다고 생각하면서 나무에 대한 환상을 만든다. 이 모든 것이 오늘날 구전으로 전해졌다.

우리는 식물이 스스로 존재할 수 있다는 사실에 동의하지 않는다. 세상에 다양하고 창의적인 방법으로 존재하며 감각

적 경로를 통해 세상과 연결되는 나무의 능력은 심지어 더 이
상 우리의 흥미를 자극하지 않는 듯하다. 우리는 서로의 차이
와 저마다의 특성에 따라 상대가 우리와 다르다고 생각하는
것을 어려워하기 때문이다. 자신과 그 이상으로 연결되기 위해
자신을 넘어서는, 즉 자기중심에서 벗어나는 능력 덕분에 나
무는 오히려 다른 사람을 향해 나아가고 그 안에서 영속한다.

　나무의 자아는 타자와도 세상 전체와도 분리되지 않는다.

▲ ▲ ▲

　내부의 감각으로 자신을 인식하는 경향이 있는 식물은 유전
적으로 비슷한 식물을 인식할까? 이 가정은 2007년 《네이처
Nature》에 실린 미국 생물학자 레이건 캘러웨이Ragan Callaway와 브
루스 머홀Bruce Mahall의 '가족 뿌리Family Roots'라는 표제에 영감을
주었다.[75] 두 연구자는 미국 오대호 지역의 초본식물인 서양갯
냉이Cakile edentula가 유전적으로 비슷한 식물끼리 경쟁하지 않고
다른 식물에도 주의하지 않는다는 점을 밝혀냈다. 그러나 여기
서는 자아 인식과 타자 인식이 혼동되고 있다. 그래서 '식물계
에서 동종 인식을 정의할 때, 그저 같은 혈통인지를 감지하는
것이 아니라, 식물의 여러 특성이 통합된 결과라고 생각하는

것이 중요하다. 자아를 인지하거나 나와 비슷한 타자를 인지하는 것은 양쪽이 통합되는 과정에서 발현하는 것이기 때문이다.'[76] 식물은 자신의 클론이나 아바타를 구분하지 않는다.

영양분은 균근을 통해서 이 나무에서 저 나무로 이동할 수 있다. 나무는 그렇게 그들끼리 물질적으로 영원한 관계를 형성하고, 이 관계를 통해 물질과 정보를 옮긴다. 그런 의미에서 나무는 소통하기는 하지만, 소통 전문가인 흙보다 기껏해야 조금 더 나은 수준이다. 이러한 소통이 공감이나 상부상조를 보여준다고 생각하는 것은 나무의 현실에 맞지 않는 과도한 해석이다. 나무를 설명하기에는 클론 차원의 접근만으로도 충분하다.

자연은 인간처럼 나무에 역할을 요구하지 않는다.

날마다 성장하지만 미완성인 나무

얼핏 나무는 자라다 멈춘 듯 보이지만, 결코 멈추지 않고 정해진 형태도 없다. 또한 어떤 유리 천장이나 땅바닥, 측면의 벽에도 제한되지 않고 확대된다. 즉 완전히 구성되지 않아 영

자연은 인간처럼 나무에 역할을 요구하지 않는다.

원히 미완성으로 남아 있다.

인도유럽어 'arb'의 어간이 의미하듯이 나무*는 그 자체로 성장을 의미한다. 나무는 확장되고 새로 태어나며 계절마다 모습을 바꾼다. 날마다 새로운 모습을 보여주기도 한다. 주름 진 껍질과 때때로 축 늘어진 나뭇가지는 결코 과거와 똑같은 모습이 아니다. 나무는 멈추지 않고 언제나 젊은 상태를 유지한다. 일반적으로 나무는 자신의 역사를 축약하고 석화하듯 젊음을 억제하지 않으며 팽창하는 모습을 영원히 지속한다. 스스로 늙고 있다고 느낀 시인 피에르 드 롱사르Pierre de Ronsard 는 그 거만함에 기분이 상했다.

"나무, 너는 매년 겨우내 아름다운 머리카락을 잃었음에도 다음 해에 네 머리카락은 또 새로 태어난다. 그러나 나의 머리카락은 다시 새로 태어나지 못한다."[77]

생과 사는 같은 속도로 서로 나아가면서 나무 안에서 공존하고 있다. 매년 나무는 지난해의 죽은 조직들을 벗어버리고 그 주변에 다른 조직들을 탄생시킨다. 프랑스의 식물학자 프랑시스 알레Francis Hallé는 나무에 대해 "산 것은 죽은 것을 안고 있다"라고 쓰기도 했다.[78] 소멸에 대한 영원한 승리인 것이다.

---

* 프랑스어로 나무를 'arbre'라고 한다.

나무는 죽음을 피하기 위해 자라고 신을 초월하며 자신의 주변을 팽창시킨다. 반대 힘이 나무를 땅에 내동댕이치지 않는한, 나무는 우아하고 위엄 있게 오직 하늘을 향해 위로만 뻗은채 죽는 법을 안다. 인간이 '나무 자세'를 하더라도 나무만이죽음을 넘어서서 곧은 자세를 유지한다.

♣♣♣

프랑스의 시인 테오필 고티에Théophile Gautier도 나무에 대해 비슷한 감정을 느꼈다. "한 방울 한 방울 떨어지는 피를 아쉬워하지 않는 소나무는 송진과 잔잔한 향기를 내뿜으며 생을 마치고자 하는 부상병처럼 길가에 항상 꼿꼿이 서 있다."[79] 프랑스의소설가이자 극작가인 쥘 르나르Jules Renard도 이렇게 이야기했다. "나무는 죽기까지 오랜 시간을 보낸다. 쓰러져 먼지가 될 때까지 죽은 자세를 유지한다."[80] 프랑스의 소설가 모리스 주느부아Maurice Genevoix는 "죽기까지 오래 걸리는 나무"라고 썼다.[81]

나무는 여러 번 결합하므로 매년 새로 태어나더라도 개체성이라는 구성 요소를 조금도 잃지 않는다. 좋은 계절에 새로태어나기 위해 부분적으로만 죽을 뿐이다. 그래서 젊음의 원천인 싹의 분열조직이 결코 마르지 않기 때문에 매년 가을 자

신의 가장 큰 부분을 버린다. 나무는 죽음과 함께하지만 죽음
에 이르지 않는다.

동물과 마찬가지로 식물 세포는 계획된 죽음의 메커니즘을
따른다.[82] 식물 세포는 그리스어로 정확히 식물의 잎과 꽃잎이
떨어지는 것을 의미하는 세포자살apoptosis에 이르게 된다(그리
스어로 'apo'는 '멀리, 먼 곳'을, 'ptosis'는 '낙하'를 의미함). 특히 고등
식물의 수액을 원활히 흐르게 해주는 물관 시스템이 있는 물
관부에서 세포자살을 관찰할 수 있다. 이 물관은 끝을 맞댄 죽
은 세포로 이루어져 있다. 물관이 형성되는 동안, 그리고 죽어
가는 순간에 이 물관부 세포의 내벽은 리그닌*이 풍부해지는
데 이는 나무에 구조적인 저항력을 심어준다. 그 후 이 세포는
텅 비게 된다. 나무의 형성은 계획된 죽음의 산물인 것이다.[83]

▲▲▲

모든 나무에는 성장의 약동 그리고 생명의 약동이 뒤얽혀
있다. 최상의 경우에는 물리법칙이 허용하는 한계에 이를 때
까지 나무는 성장한다. 나무의 수액은 가장 깊이 뻗어 있는

* lignin. 관다발 식물의 물관부에 다량으로 존재하는 고분자 물질. 세포를 서로 달
라붙게 하며, 리그닌이 축적되면 세포분열이 멈추고 단단한 조직이 된다.

뿌리부터 가장 높이 피어 있는 잎까지 순환할 수 있어야 한다. 200바^{bar}(2,000만 파스칼^{pa})를 넘는 잎의 증산 작용을 통해서 생성된 수액은 깊은 호흡만으로 꼭대기까지 도달한다. 거대한 유칼립투스의 경우처럼 120m의 물기둥을 지탱하기 위해 증발 메니스커스*의 반지름은 0.12마이크로미터$^{\mu m}$를 넘어서는 안 된다. 그래서 물관부에 있는 메니스커스의 반지름은 30~40배 좁아서 물기둥은 이론적으로 훨씬 더 높아진다.

지금까지 측정된 가장 큰 나무는 높이가 '정말로' 132.6m인 유칼립투스 레간스$^{Eucalyptus\ regnans}$였다. 나무의 길이에 적용되는 물리적 한계는 나무 밑동이 나무 전체의 질량을 받치는 능력과 관련이 있다. 몇몇 세쿼이아는 2,000톤^{t}이 넘지만 구조적으로 한 나무가 이러한 질량을 넘어서기란 불가능해 보인다.

실제로 물을 빨아들이는 '급수펌프'는 뿌리에서 삼투작용에 의해 물이 유입되고 몸통으로 전달하는 물관에서 모세관을 통해 확대되어 잎의 증산 작용이 합쳐진 결과다. 이 급수펌프는 물이 부족할 때에도 항상 가동된다. 수포가 생기면서 이

---

* meniscus, 모세관 속의 액체 표면이 만드는 곡선. 유리관과 물처럼 부착력이 큰 경우는 아래로 움푹 들어가고, 유리관과 수은처럼 부착력이 작은 경우는 위로 부풀어 오른다.

러한 충전이 완전히 단절되면 나무는 위험해진다. 수액의 흐름이 막힐 수 있기 때문이다. 이때 일시적인 공동현상이 일어나면서 나는 소리가 음파로 해석되기도 해 우리의 상상을 자극한다. 몇몇 사람들은 여기서 알아들을 수 없는 복명腹鳴뿐 아니라 진정한 언어를 발견하고자 한다. 그러나 나무가 화학적 신호들을 교환하고 구성상 상호 작용하더라도 나무가 서로 이야기를 나누는 것은 상상 속에서만 가능하다.

나무에게는
고정된 것이 없다

인간은 고정관념에 빠지는 경향이 있지만, 나무는 형태, 장소, 변화에 있어서 거의 고정된 것이 없다.

나무는 확고한 이데아가 없다. 여기서 이데아는 플라톤의 이론에 따른 것이다. 데이비드 에이브럼의 설명처럼 이데아 또는 에이도스eidos는 그리스어로 '성장과 퇴화의 과정, 혼란, 보이는 것들에 똑같이 일어나는 주기적 변화'[84]를 초월하는 것과 관련이 있다. 반대로 나무는 세상에서 구체적으로 드러나며 변화, 우연과 필연의 결합을 따른다.

식물은 형태, 크기, 색의 변화와 힘께 동물보다 매우 고등한 형태적 유연성을 가지고 있다. 특정한 서식지와 관련된 지표 식물이 아닌 한, 일반적으로 식물은 매우 폭넓은 환경에서 성장한다.

식물은 심지어 인간이 처음부터 끝까지 억지로 만든 상황에 적응하며 견뎌왔다. 지금까지 꽃식물 종의 4분의 1 정도가 옮겨졌다. 그러나 종자가 인간에 의해 퍼지는 나무 종은 거의 없다. 공원, 텃밭, 정원, 세상 어디에나 있는 과수원, 수목원, 농림 또는 나무가 심어진 숲은 나무 공동체를 다시 구성한다. 이러한 유리한 장소에서 나무는 새로운 이웃을 사귀고 공유하는 법을 새롭게 배운다.

나무는 시간과 공간을 거의 고려하지 않는다. 시간과 공간에서 뛰어난 적응력을 발휘한다. 식물계를 유연성의 세계라고 부를 만큼 나무의 유연성은 완벽하다. 발달의 시작이라 할 수 있는 종자의 분산은 시간과 장소에 유연하게 적응하는 나무의 뛰어난 능력을 보여준다.

그러나 나무의 시간은 인간의 시간과 같지 않기에 우리가 나무에게 지어준 이름은 공간과 시간을 여행하는 나무의 능력을 설명하지 못한다. 여행이라는 개념조차 초본식물이나 야자나무의 이름에서만 언뜻 힌트를 얻는 정도다. 예를 들어

지나가는 사람의 다리에 잎이 달라붙는 작은 덩굴식물 꼭두
서니*나 여행자 나무라 불리기도 하는 마다가스카르의 야자
나무 나그네나무Ravenala madagascariensis의 이름은 나무로 목마름
을 해결하는 도보 여행자와 관련이 있다.

 적어도 여행이 허락된 기간에는 나무만이 방랑자가 된다.
물의 모태에서 해방된 나무는 끝없이 펼쳐진 땅을 향해 여행
하도록 구조적으로 만들어졌다. 나무는 씨앗의 형태를 취함
으로써 정박한 뿌리로부터 자유로워져 바람과 새의 부리, 물
의 흐름에 자신을 맡기면서 공간과 시간의 유연성에 빠져든
다. 나무의 여행은 (바람과 새, 물과 같은) 자연에게 납치되면서
시작되는데 많은 씨앗들이 사라지고 훼손되며 먹히기도 하고
발아에 적당하지 않은 장소에 떨어지기도 한다. 그러나 여행
의 끝에서 몇몇 나무는 살아 있는 완전한 형태에 이른다.

🌲🌲🌲

 이 상태에 도달할 때마다 약속한 듯 나무가 태어난다.
 나뭇가지에서 해방되어 멀리, 때로는 나뭇가지에서 매우

---

* Rubia peregrina. 'peregrina'는 '여행하다'는 의미다.

멀리 이곳저곳에 떨어진 종자로 인해 나무의 풍경은 다시 만들어진다. 열대우림 속, 나무 공동체의 공간에서 무작위로 한 부분을 선택해 통계 분석으로 평가했더니 환경적 요인을 넘어서 공간을 차지하고 있는 식물은 50~60%[85]의 점유율을 보였다. 그런 점에서 나무는 모험가다.

동물들은 뜻하지 않은 환경적 제약으로 미래가 불안해지지 않도록 대응하는 데 반해, 땅에 깊게 뿌리박힌 나무는 자유롭게 다른 곳을 찾아나설 수 없다. 나무는 좋은 때를 기다리는 것에 만족한다. 아주 어린 나무는 숲으로 둘러싸인 '숲 지붕' 아래서 성목이 쓰러져 숲 지붕이 열리고 반수면 상태에서 빠져나오기까지 수십 년 동안 기다릴 수도 있다.

천천히 자라는 생명은 공간이 적절하게 변할 때까지 기다리며 시간의 영향력에서 벗어날 수 있다. 동물의 도피와 식물의 휴지quiescence(라틴어로 'quies'는 '휴식'을 의미함)는 같다. 식물의 휴지는 휴면하면서 성장의 때를 기다리는 것이다. 울창한 숲 사이로 새어드는 희미한 빛 아래, 광물 형태의 물질처럼 미동도 할 수 없는 상태에 있는 씨앗이 그렇다. 씨앗은 생물 세계의 은둔자처럼, 배아 안에 모든 것을 미결인 상태로 두고 잠들어 있다. 배아 안에 내포된 약동이 아직 불이 붙지 않은 성장의 불씨인 셈이다.

씨앗계의 신데렐라는 때로 휴면 상태로 몇 달, 몇 년, 몇 십 년, 몇 세기를 보낸다. 사해를 굽어보는 이스라엘 마사다 Masada의 요새에서 약 2000년 만에 발견된 대추야자나무Phoenix reclinata의 씨앗이 싹을 틔워내기도 했다. 이것은 패랭이꽃과의 일종인 실레네 스테노필라Silene stenophylla 보다는 짧은 기록이다. 이 씨앗은 3만 2000년 동안 시베리아의 영구동토층인 툰드라 지대에 갇혀 있다가 싹을 틔웠다.

야자나무를 제외한 나무는 이 미모삿과의 나무처럼 몇 세기 동안 더욱 정숙하게 자리를 지켜야 한다. 1940년 독일의 공습을 받아 대영박물관에 화재가 발생했을 때 그보다 147년 전인 1793년 중국에서 채취한 미모삿과의 자귀나무Albizia julibrissin 의 씨앗이 휴면에서 깨어난 바 있다. 이 씨앗들은 마침내 모든 나무 공동체에서 아마도 유례없을 시공 여행을 하게 된 것이다.

인간과
나무와의 연결

우리는 인터넷에서 로그아웃하라고 꾸준히 권유받는다. 애

플의 창립자인 스티브 잡스Steve Jobs 조차도 인터넷을 불신했
다는 말을 들은 적이 있을 것이다. 정지 버튼이 없는 초연결에
중독되어 우리는 자유 시간을 조금씩 갉아먹는다. 프랑스인의
경우, 주당 평균 18시간을 인터넷 세상에서 보낸다고 한다. 프
랑스인의 절반이 적어도 하나의 SNS에 가입되어 있고 10명
중 9명 이상이 최소 1개의 디지털 기기와 휴가를 보낸다. 인터
넷에 접속할 수 없는 고통을 겪지 않기 위해서…….

그런데 나무 역시 네트워크를 이루며 살고 접목을 끊을 줄
모른다. 생물 세계는 서로 연결될 수밖에 없는 듯하다. 하나의
나무가 수백 종이나 되는 균류의 균사 실뿌리와 연결될 수 있
고 하나의 균류가 다른 종의 나무를 포함하여 10여 그루 나무
의 뿌리에 자리 잡을 수도 있다.[86] 이 때문에 나무를 '긱geek'이
라는 슈퍼커뮤니케이터로 여긴다면 고작 한 발자국 나아간
것이다. 이는 나무가 우리를 닮았으면 하는 바람에서 나온 생
각이다.

▲▲▲

나무에게는 우리가 쓰는 '연결'이라는 말이 그다지 어울리
지 않는 듯싶다. 물론 생물 세계가 그렇듯이 나무 또한 지하와

지상에서 구조적, 기능적으로 서로 긴밀하게 연결되어 있기는 하다. 이러한 '인터페이스' 기질은 우리가 감탄해마지 않을 만큼 대단하다. 나무가 아닌 타자 속에서도 영속하는 나무의 능력은 그 자체로 훌륭해서 그 안에서 커뮤니케이션의 발현을 확인할 필요는 없다.

나무의 생애는 그렇게 비밀스럽지 않다. 우리에게 감추지 않기 때문이다. 오히려 매우 진보적으로 자기중심에서 벗어나 있다. 그것만으로도 자기중심적인 인간들의 감탄을 불러일으킨다.

마치 생명체를 포옹하는 순간 그것과 연결된다고 느끼듯이 우리는 때로 나무와 연결되기를 열망한다. 벨기에의 시인 에밀 베르하렌Émile Verhaeren은 자신이 애지중지했던 나무와 연결되고자 했다.

"빛으로 가득 찬 눈은 나무로 향한다. 손가락으로, 손으로 나무를 만지며 나무의 거칠고 초인적인 움직임을 땅속에서부터 느낀다. 나는 나무에 거칠게 가슴을 기댄다. 이런 사랑과 열정으로 내부의 리듬과 모든 힘을 내 안으로 옮겨와 심장에까지 꽂히게 한다."[87]

서구 사회에서 큰 성공을 거둔 의인관의 또 다른 형태이기는 하지만, 종종 마음의 평안을 얻기 위한 실제적 대안으로 나

나무의 생애는 그렇게 비밀스럽지 않다.
우리에게 감추지 않기 때문이다.

무와의 연결이 제시되고 그런 방법이 실행되기도 한다. 놀랍게도, 식물과 관련이 깊은 샤먼이 그 자체로 이러한 성격을 가지고 있었다.

이처럼 생물과의 연결이 지닌 상징성을 주장하면서, 생물 세계를 과학적으로만 살펴보려는 '자연과학자'들을 비난할 수는 있다. 그렇더라도 과학적 사실을 새로운 믿음으로 위장하여 변질시킨다는 점은 정당화되지 않는다. 지금은 생물과의 진실한 애정관계를 다시 유지하고 감각적인 거리를 좁혀 우리의 미래가 위협받지 않는 것이 중요하다. 현실을 위해 이상을 취하며 세상에 헛된 주문을 걸어서는 안 된다.

숲은
우리의 전체다

땅속에서 일어나는 균근의 연결을 언급한 영국의 생물학자 알란 레이너Alan Rayner는 이를 아름답게 표현했다. "나무는 결코 혼자가 아니다."[88] 그러나 생물 개체 모두는 결코 혼자가 아니며, 어떤 개체도 자신이 아닌 것과의 연결 없이는 유지되지 못한다.

이런 의미에서 개체가 자신의 환경과 분리될 수 없는 한, 개체는 잠재성 그 자체다. 개체는 존재하기 위해서 자신 속에 없는 것과 융화되어야 하기 때문이다. 라틴어로 '외부에 존재하다'를 뜻하는 'ex sistere'의 의미에서 실존*해야 하는 것이다. 각각의 개체는 환경과 융합하고 서로 필수적인 관계를 맺는다. 오늘날 환경학(또는 환경과학)의 저명인사인 오귀스탱 베르크Augustin Berque는 "개체와 그 환경은 역동적인 한 쌍"[89]이라고 표현하며 이 한 쌍이 인간의 현실을 되새기게 한다고 덧붙였다. 이제 모든 개체에 적합한 좁은 의미의 환경을 넘어서 모든 개체의 환경 전체를 뜻하는 넓은 의미의 환경을 구분해야 한다.

여기서 나무는 매우 특별한 장소가 된다. 좁은 의미의 환경은 독특하다. '나무-환경'이라는 역동적인 한 쌍은 서로 강하게 의존한다. 나무는 환경의 구성 요소에 영향을 미치며 하나하나 만들어간다. 대신 이 환경에 절대적으로 의존하며 그 안에 뿌리를 두기 때문에 환경에서 벗어날 수 없다.

이 한 쌍은 심지어 나무의 본질 자체와 뒤섞여 반작용하는 비범한 연결고리로부터 탄생한다.

---

* 프랑스어로 '실존하다'를 'exister'라고 한다.

나무와 그 환경이 서로 적응하는 것과 세상과 숲이 서로 적응하는 것은 같다. 오래전 자연 숲에 이름 붙인 'sylve'이라는 프랑스어 단어의 어원은 우리에게 숲과 세상이 비슷하게 겹쳐진다는 생각이 들게 한다. 실제로 그리스어에서 'hylé'는 형태, 본질 외에 나무를 의미하기도 한다. 이 말에서 프랑스어 목재bois, 나무arbre, 숲sylve이 파생되었다. 이러한 영향력 있는 글자들이 심지어 숲을 버린 지 30만 년이 되었음에도 우리에게 세상을 대표하는 숲과 우리 생각을 일치시킨다.

▲▲▲

인간은 왜 자신의 주변과 불안한 관계를 유지한 채 환경을 함부로 대하고 훼손하면서 나무와 반대로 하려는 것일까? 환경 파괴는 해로운 결과를 초래하기에 분명 끔찍하다. 한편으로 인간은 주변과의 감성적 유대를 이용해 조화로운 관계 속에서 환경 보존뿐만 아니라 환경의 자유로운 발현에 일조한다. 인간의 타협적인 생산활동과 생물에 대한 세심한 배려가 합쳐져 탄생한 재배생태학은 우리의 절실한 욕망들이 모인 비옥한 융합처다. 재배생태학자들은 자신의 생산 시스템에 나무를 재빨리 포함시켰다. 그들은 나무의 생태뿐 아니라 인간과 환경의 행복한 융합을 생산 시스템에서 발견하게 될 것이다.

생태학자들은 전체라는 개념에 예민하다. 생태계 개념이
그 예다. 생태학자들은 숲과 생물 유기체의 형태와 기능에 따
라 작동하는 개체를 동일시하려고 한다. 미국의 생태학자인
프레더릭 클레멘츠Frederic Clements는 1916년[90]에 유기체의 성
숙한 상태를 의미하는 클라이맥스climax를 숲에 비교하며 숲
에 대한 새로운 시각을 제시했다. 클라이맥스는 개별 유기체
의 이미지를 본떠서 태어나고 발달하며 재생산된다.[91] 유기체
의 이런 표상이 오늘날 통용되지 않는다고 하더라도 우리는
최소한 지구의 허파로 거대한 숲을 떠올린다. 특히 지구를 커
다란 유기체로 보는 가이아 이론*은 대부분 물과 가스의 대량
유출을 조절하는 숲이 그 배경이다.

숲은 우리에게 세상을 포함하는 전체이며, 살아 숨 쉬는 존
재이자, 우리가 의인화하는 대상이기도 하다. 그러나 숲속 여
기저기를 산책하다 발견하는 생물에게조차 주목하지 못하는
데, 하물며 잘 드러나진 않지만 온전한 나무의 존재를 느껴본
적이 있겠는가?

---

* 1978년 영국의 과학자 제임스 러브록(James E. Lovelock)이 주장한 가설로 지구를
  대기, 대양, 토양 등 환경과 생물로 구성된 하나의 유기체, 즉 하나의 살아 있는 생
  명체로 보았다.

철학자 브누아 데좀브레Benoît Desombres는 이로부터 한 가지 사실을 확인했다. "때때로 지배하는 것은 포위된 듯한 이상한 느낌을 준다. 우리는 우리를 바라보는 시선과 우리에게 말을 거는 목소리에 압박감을 느낀다. 그러나 그것이 누구인지 찾을 수는 없다. 그것은 우리를 압박하고 관찰하며 말을 거는 숲 전체이기 때문이다."[92] 이런 경우 우리는 다시 우리의 주변이 된 나무의 영향력에서 더 이상 벗어나지 못한다. 나무와 세상의 경계는 이제 사라진다.

우리가 꿈꾸는 시간, 숲은 다시 전체가 된다.

4장

화합 교향곡

PENSER COMME UN ARBRE

프랑스의 우화 작가 장 드 라퐁텐Jean de la Fontaine의 우화 중 〈참나무와 갈대〉 이야기*에 등장하는 나무는 우리가 떠올리는 그것과 크게 다르지 않다. 그러나 어떤 나무도 이 우화처럼 강한 바람에 감히 맞서지 못한다. 돌풍이 불어 나무 꼭대기가 흔들리고 잎이 우거진 잔가지가 휘며 나뭇잎이 떨어져 흩날려 모든 것이 끝난 것 같아도, 나무는 자신의 비범한 적응력을 확신한다. 그러므로 그저 숲을 지켜보기만 해도 된다.

나무는 역경과 화합한다. 나무의 조화로운 선, 구부러진 모양, 서로 조화를 이루는 형태는 이러한 존재 방식으로 만들어진 것이지, 나무를 바라보는 화가, 시인, 탐미주의자가 만든 것이 아니다. 각각의 나무 구조는 외부에서 찾아볼 수 없는 서

* 어느 날 몰아친 비바람에 꿋꿋이 맞서던 참나무가 결국 부러져 강물에 떠내려가다가 고개를 숙인 채 바람에 흔들리면서도 멀쩡히 살아 있는 갈대를 만났다는 이야기.

로 다른 울림들이 하나가 되는 조화, 즉 화합 교향곡이라고 할 수 있다. 이는 나무의 느긋한 개체 발생에서 시작된다. 나무는 그 과정 동안 끈기 있게 자기 자신과 세상에 적응한다.

우리와 생물계의 평안을 위해서 나무와 분리할 수 없는 이 화합의 원칙들에 대해 깊이 생각해보자. 우리는 그 안에서 더 많은 유동성과 적응성을 보게 된다. 또한 우리가 예술적으로 나무에게 친밀감을 느끼는 것 자체가 얼마나 나무와 조화를 이루는지를 말해준다.

나무는 심지어 인간과도 화합하고 스스로 재구성하며 우리가 엉망으로 만들어놓은 공간으로 스며든다. 나무와 태양의 화합은 장기적으로 그리고 드넓은 공간에서 나무를 굳건하게 만든다. 나무가 그 환경에서 자라지 못하도록 우리가 해치지 않는 한, 이 불사조는 그 유해에서 다시 태어난다.

어쩌면 우리는 나무의 존재에 적응하고 나무에게서 살아가는 법을 배우고 싶은 마음이 들지도 모른다. 먼 곳에서 사라진 숲을 다시 발견하고 나무가 살아갈 기회를 지켜주며, 나아가 이를 통해 우리가 버린 평안을 되찾는 것은 우리에게도 이로운 일이다.

숲에서
들려오는 음악

여전히 논쟁이 되고 있는 음악의 기원에는 세 가지 가설이
있다. 우리 몸 안에서 들리고 인식되는 소리, 리듬의 모티프와
동양 언어에서 들을 수 있는 억양의 점진적인 활음화*, 감정을
표현하거나 억제하기 위한 고성, 이런 것들이 파생되고 의도
적으로 반복되면서 원시음악이 나타났다는 것이다.[93] 이 원시
음악은 섹스 파트너를 유혹하고 사회적 독립체들을 구성하며
한계를 설정하는 데에도 도움을 준다.[94] 여기서는 나무와 관
련이 없기는 하지만······.
　무엇보다 나무는 우리가 세상의 소리, 소리의 풍부한 발산
을 듣도록 이끈다. 기원전 4세기 중국 사상가 장자가 말했듯
이 바람은 세상에 불어올 때 다양한 소리를 낸다.[95] 섹스 파트
너를 유혹하기 위한 신호, 외침, 탄식은 불쾌한 포효와 요란한
소리에 합쳐진다. 나무가 말하기 위해서는 천지창조를 일으
킨 비물질적인 약동, 즉 숨결이 나무 사이를 스치는 것만으로
도 충분하다.

* 하나의 음이 다른 음으로 옮겨갈 때, 그 자체의 소리가 분명히 드러나지 않고 인
　접한 소리에 곁들어 나타나는 현상.

샤토브리앙은 그의 저서 《그리스도교의 정수Le génie du christianisme》에서 고딕 양식의 교회와 숲의 유사점을 설명했다. 인간은 오르간을 이용해 교회 안에서 "목재 깊은 곳에서 흐르는 바람과 천둥소리까지"[96] 다시 만든다고 썼다. 그의 소설 《아탈라》에서는 북아메리카의 거대한 숲에서 나는 소리에 대해 "숲 깊숙한 곳에서 어떤 소리가 나는지 (중략) 자연 그대로의 원시림에 가보지 않은 사람에게 설명하려 해도 결국 헛수고일 것이다"[97]라고 표현했다. 숲 전체에서 고요마저 말을 걸어오고 그 고요는 존재로 가득 찬다. 오스트리아 소설가 로베르트 무질Robert Musil은 "갑작스러운 침묵은 우리가 인지할 수 없는 언어와 같다"[98]며 놀라워했다.

숲은 숲만의 '생물음biophonie'을 낸다. 이 용어는 생물의 소리 표현을 재구성하는 생태음향 전문가인 버니 크라우스Bernie Krause가 제안했다.[99] 음악의 기원은 예전에 들어본 소리 모티프의 의도적인 반복과 관련 있다는 프랑스의 철학자 롤랑 바르트Roland Barthes의 가설을 받아들인다면[100] 우리는 이 소리 모티프가 원시림에서 탄생한 것이라고 추측할 수 있다.

▲▲▲

바람이 부는 숲을 거닐 때 무성한 나뭇잎 사이에서도 남자, 여자 또는 아이의 목소리를 인지할 수 있는데, 어찌 수많은 소리가 뒤섞인 아름다운 합창 소리를 들어보지 못했겠는가? 조상들은 천국에서 나는 듯한 자연의 합창 소리를 재현하려고 했다. 아마도 그 소리는 봄에 숲속의 물웅덩이에서 못생긴 산파 두꺼비가 목청껏 부르는 플루트 같은 소리, 야행성 새 두 마리가 멀리서 서로 대답하는 소리, 열대림의 지붕 아래서 때때로 들리는, 찌르르 우는 곤충의 노래 같은 동물의 합창 소리일 것이다. 원시인에게 자연림의 노래는 마르지 않는 영감의 원천이 되어 다른 동물 종족도 그렇듯이 그들만의 소리 도장을 만들었다.

보노보*와 침팬지Pan troglodytes는 손으로 땅을 짚고 무게를 실은 채 스스로 큰 나무의 버팀목을 다리로 칠 수 있다. 그런데 이때 나는 소리가 저주파를 만들며 1km 밖에까지 들린다. 홀로 외떨어진 개체들은 이러한 원격의 소리 커뮤니케이션을

* Bonobo. 학명은 Pan paniscus. 유인원과의 포유류. 침팬지와는 다른 종으로 몸의 길이는 70~83cm이고 다 큰 수컷의 몸무게는 30kg 정도이며, 침팬지에 비하여 몸이 가늘고 약하며 얼굴이 검다. 아프리카 콩고강 주변에 분포한다.

만들었다.[101] 원시인들이 이런 방식을 따라했으리라는 것을 쉽게 짐작할 수 있다.

보노보는 유전적으로 인간과 가장 비슷하기 때문에 인간처럼 둘 중 하나가 상대의 행동을 따라한다고 상상해볼 수 있다. 스트라스부르 위베르 큐리앙 다학제연구소Institut pluridisciplinaire Hubert-Curien de Strasbourg의 발레리 뒤푸Valérie Dufour가 2014년 진행한 연구에 따르면 보노보는 무의식적으로 또는 여러 다른 상황에서도 인간 지도자가 내는 북소리를 따라할 수 있다.[102]

음악은 시대의 본질에서 유래된다. 여기서 시대는 숲의 시대라는 점이 중요하다.

구리로 만든 악기를 제외하고 대부분의 악기는 오래전부터 나무로 만들어졌다. 연주법은 음향의 질이나 자연의 진동, 즉 소리를 전달하고 증폭시키는 나무의 능력에서 가져왔다.[103] 보노보는 이 소리를 혼동하지 않았다. 그러나 인간은 현악기 제조 기술과 더불어 능력이 더 출중해졌다. 여기에는 나무의 떨림에 대한 음악적 찬사가 담겨 있다.

나무가
흘러가는 길

우리의 정신은 유체보다는 형태를 만들기 더 쉬운 고체에 익숙하다. 과학도 이런 관점에서 발전해왔다. 역학은 여전히 과학의 꽃이며 16세기의 천문학은 미래 과학의 방향을 결정했다. 이 모든 것이 동물을 파악하기 위해서는 정당화될지라도 식물, 특히 나무에는 그렇지 못하다.

조직이 죽은 몸통이나 가지 더미를 제외하면 대부분의 나무는 유연성과 유동성을 자랑한다. 나무는 최고속도로 달려오는 자동차를 멈추게 할 수 있다. 그러나 살아 있는 조직 주변에 죽은 조직이 없다면 이 자동차는 문제없이 나무를 뚫고 간다. 나무는 뼈대가 없지만 갈라진 금속 뼈대에 필름을 붙인 것처럼 리그닌 덕분에 딱딱해진 죽은 조직 주변으로 몸집이 성장하고 잎이 무성한 나무줄기가 자란다.

기체의 흐름과 지하수의 경로에 적응한 나무는 성장하며 자신의 유동성을 변화시킨다. 분열조직이 하늘을 향해 성장하는 동안, 보이지 않는 그 길을 따라서 세포들은 지속적으로 활발하게 움직인다. 나무는 한곳에 모이는 수로와는 반대로 나무 구조의 자연스러운 설계를 따라 퍼져나가며 가지를 친다. 즉 물과는 반대로, 중력을 거스르며 흘러가는 것이다.[104] 강이 바다를 향해 흘러가듯 나무는 하늘을 향해 흘러간다.

나무가 들숨이라면 물은 날숨이다.

철학자 바슐라르는 나무의 형태는 세상에서 중요한 형상 중 하나라고 썼다.[105] 실제로 나무는 성장하면서 유체역학과 공기역학에 적합한 형상을 갖게 된다. 피에르 어거스틴Pierre Augustin Boissier de Sauvage가 1745년에 발견한 대로 나무의 구조적 형상은 유체가 덜 유동적인 물질로 유입된 결과다. 기름이나 물기가 많은 진흙에 빠르게 공기를 불어넣으면 나무와 비슷한 형태가 되는 것처럼 말이다. 몇몇 자갈에서도 이러한 나무의 구조를 발견하게 된다.[106] 마찬가지로 따뜻한 공기가 찬 공기에 유입되면 나무 형태의 연기가 분출되고 한겨울에 자동차 앞 유리창에서는 서리가 만든 고사리 형태를 볼 수 있다.

나무는 생생하고 유동적인 침투력이 세상 속으로 유입된 결과다. 그러니 어떻게 여기서 "생명은 필요에 스며든 자유다"[107]라고 말한 베르그송의 놀라운 직관을 떠올리지 않을 수 있겠는가?*

---

* 베르그송은 물질을 필요로, 의식을 자유로 보고 상극인 이 둘을 양립시키는 것이 생명이라고 여겼다. 그래서 생명은 '물질의' 필요에 스며든 '의식의' 자유라고 말한 바 있다.

나무의 조화는
우리의 생각을 넘어선다

형태의 조화는 서로 속박하는 가운데 탄생한다. 살아 있는 개체를 구성하는 형태도 마찬가지다. 예를 들어 고등동물처럼 알이나 자궁 같이 닫힌 공간에서 배아가 발달할 경우 세포들이 내부로 말려 들어가는 최초의 함입陷入은 매우 일찍 일어난다.[108] 이러한 경우에는 제한된 공간에서의 내부 적응이 필요하다. 세포 조직의 모든 움직임이 다른 조직의 움직임에 영향을 주기 때문이다. 그래서 배아의 여러 부분들은 존재론적으로, 역학적으로 균형 잡혀 있을 뿐만 아니라 각각의 형태와 조화를 이룬다.

닫힌 공간에서 배아가 성장하지 않는 식물, 특히 나무에게 형태의 확장은 오히려 매우 자유롭다. 고등동물의 배아 발달과 비슷하게 나무는 성장하는 동안 스스로 그 과정을 조절해야 한다. 가지가 나뉠(분기) 때 최대로 팽창하기 때문에 매번 주변의 분기 활동과 양립할 때에만 성장으로 이어진다.

이러한 식물의 조화는 늘리는 힘에서 나와 지속적인 자기 조절을 통해 만들어지는 반면, 동물에게 관찰되는 조화는 억압적인 자연의 힘의 논리에서 탄생한다. 고등동물로서 인간

의 구성상 조화와 나무 조화의 차이는 화가가 캔버스에 나무
를 묘사할 때 느끼는 어려움을 설명해준다. 철학자 로베르 뒤
마가 그의 저서 《나무의 철학Traite de l'arbre》에 썼던 대로, 나무
와 인간의 이러한 차이로 여러 시대의 화가가 스케치한 나무
의 실루엣이 그 당시 예술의 방식에서 벗어난다는 것이다. 뒤
마는 "나무와 화가의 관계에서 화가가 그리는 대상은 그 대상
을 그리는 주체를 능가한다"[109]라고 썼다. 나무가 만든 공존하
는 자유로운 조화는 화가가 생각한 조화를 넘어선다.

▲▲▲

프랑스의 시인 폴 클로델Paul Claudel은 나무에게 성장은 몸짓
이라고 봤다. "나무의 몸짓일 뿐만 아니라 본질적 행위이고 본
성의 조건이다"라고 덧붙이기도 했다.[110] 나무는 성장의 몸짓
이다. 각각의 큰 나뭇가지는 주변의 나뭇가지로 이어진다. 그
리고 시간이 흐를수록 팽창하는 몸짓으로 긴밀한 복합체가
만들어져 조화롭고 우아한 형상을 얻게 된다.

나무는 안무가만큼이나 온몸을 흔들며 몸짓을 표현한다.
작가 로제 카유아Roger Caillois는 바오밥나무가 공간 안에서 영
향을 받으며 조화롭게 성장하는 방식을 알고 있었다. "나무의

구조는 어느 정도 지속되기만 하면 우아함이나 활력에 있어
그 자체로 안정적이다. 그래서 구조는 삶과 예술을 혼동시킨
다."[111]

그래서 각각의 나무는 선율을 그리는 것처럼 보인다. 선율
이 너무 과장된 것 같은가? 결코 그렇지 않다. 오르간 연주자
루이 티리Louis Thiry는 주저 없이 나무의 분기에 내재된 조절과
반향을 담은 균형 잡힌 연주를 바흐의 푸가* 정면에 위치시킨
다.[112] 우리는 재즈의 자유로운 즉흥 연주에 나무의 환상적인
형상을 겹쳐놓음으로써 음악적 유사함을 이어나갈 수 있다.
여기서 말하는 유사함은 식물이 음악에 영향을 받는 징후로
여겨져서는 안 된다.

나무에서 찾아볼 수 있는 조화는 고집부리지 않는 나무의
특징 덕분이다. 프랑스의 시인이자 사상가인 샤를 페기Charles
Péguy는 어느 날 아름다운 금언을 내놨다. "나무 구조의 본질은
나머지들을 수용하는 기술이 아니다."[113] 실제로 페기는 나무
의 꼭대기가 메말라 있을 때, 나무는 아래에 있는 싹부터 끌어
올린다는 사실을 발견했다. 나무의 추한 모습은 일부의 재해
와 잘라내기 때문인데, 이런 식의 부분적 부재가 그동안 지속

---

* fuga. 하나의 성부(聲部)가 주제를 나타내면 다른 성부가 그것을 모방하면서 대위
법에 따라 좇아가는 악곡 형식. 바흐의 작품에 이르러 절정에 달했다.

된 나무의 조화를 깨뜨렸다. 이러한 이유로 도시의 거리에 있는 플라타너스를 가지치기하면 아름답지만 때로는 해로운 효과가 나타난다. 그러나 그런 상태는 불과 몇 년 동안일 뿐이다. 나무는 곧 구조적 균형을 되찾는다.

개화는 식물과
우주의 소통이다

나뭇잎은 기본적으로 나무의 구조적이고 기능적인 단위다. 거목에는 100만 이상의 개체로 구성된 헤아릴 수 없이 많은 잎이 무리지어 있다. 나뭇잎의 만고불변의 기능은 바로 빛을 흡수하는 것이다.

능숙함과 절제가 훌륭하게 뒤섞인 광합성을 통해 나뭇잎 무리가 부지런히 빛을 유기물로 바꾼다. 이렇게 만들어진 산소는 동물에 의해 소비되며 태양의 자외선으로부터 육지 생물을 보호하는 오존층도 만든다.

나뭇잎의 엽록체에 존재하는 색소, 생물계의 진정한 '화금석'이라고 할 수 있는 엽록소를 제대로 평가해보자. 엽록소는 빛 에너지를 생회학 에너지로 전환하면서 물을 광분해한다. 광합성으로 만들어진 수소 분자로 이와 똑같이 할 수 있다면, 우리는 고갈되지 않고 오염 없는 에너지원을 갖게 될 것이다. 그러면 바닷물이 석유를 대체할 수도 있다.[114]

그러나 우리는 이 미스터리한 색소의 기원을 알지 못한다. 단지 38억 년 전부터일 것이라고 가늠할 뿐이다.[115] 한 가지 가설에 따르면, 엽록소는 특히 원시 행성에서 매우 강한 광선인 자외선을 차단하는 단백질에서 유래됐다.[116] 엽록소는 식물 안에 존재하기 전, 여러 광합성 박테리아에 존재했다. 다른 박테리아들과는 달리, 시아노박테리아(남조류)는 귀한 산소를 만들어낸다. 16억 년 전 식물 세포에 흡수된 시아노박테리아는 내부공생*의 형태를 대변하는 엽록체로 진화했다.

나뭇잎은 자신의 광합성 기능에 관한 한 타협을 모른다.

마찬가지로 나뭇잎은 외향적이고 상호 작용하며 예민한 식물의 존재 방식을 보여준다. 때때로 스스로 변하며 심지어 꽃의 구성 요소로 변신하기도 한다. 《식물 변태론Die Metamorphose

---

* endosymbiosis. 작은 원핵세포가 큰 원핵세포에 들어가 공생적 연합을 이루는 것을 말함. 연구자들은 이 연합이 진핵세포의 미토콘드리아와 엽록체로 진화했을 것이라고 주장한다.

Der Pflanzen》을 쓴 괴테는 이러한 사실을 알고 있었다. 꽃의 최초 구성을 살펴보기 위해 괴테는 이상적인 꽃을 갖고자 했다. 하지만 태곳적 구조를 간직하고 있을 꽃의 완벽한 모델은 파리11대학Paris-Sud의 분류학자 에르베 소케Hervé Sauquet가 구성한 연구진에 의해 최근 밝혀졌다.[117] 이 모델이 살아 있었다면 괴테는 개화의 심오한 의미, 즉 유성有性의 방식으로 발아가 이루어진다는 개념을 만들었을 것이다.

꽃을 생식기관으로 보는 것이 타당하다고 할 수 있을까? 많은 곤충을 포함해 꽃꿀에 빠져드는 동물이 그렇게나 많은 동물계에서는 거부할 수 없는 이 유혹의 힘, 누구나 넘어가고 마는 이 힘을 진정 성性이라고만 할 수 있을까? 꽃은 화려하고 외향적이며 향기로울 뿐만 아니라 세상에 흘러들어와 인간을 도취시키는 무한한 매력을 가졌다.

나뭇잎에서 태어난 꽃은 식물의 시간성을 보여준다. 요컨대 꽃식물의 생식 단계에서 시간별 성장을 관장하는 것은 빛과 일 년간 기온의 변화다. 이는 생식생물기후학phénologie reproductive과 일맥상통한다. 적어도 2014년, 생물학자에게 연구 대상이 되는 식물 중 하나인 다년생 야생화Boechera stricta의 박테리아 무리가 부분적으로 꽃의 시간을 관장한다는 사실이 밝혀지기 전까지는 그렇게 생각했다.[118] 꽃을 피우기 위해서 식물은 하루의 시간이나 온도를 좌지우지하는 우주뿐만 아니라 다른 형태의 생물과도 화합해야 한다.

개화는 세상과 식물의 궁극적인 조화다.

숲은
사라지지 않는다

땅에 박혀 있더라도 나무는 여전히 이주민이다. 나무는 앞선 개체의 발달 과정을 따라 점점 더 많은 씨앗의 도약을 통해 전진한다. 나무의 이동과정은 환경의 우연성에서 완전히 해방된 휴지 상태인 씨앗에 새겨져 있다.

마지막 빙하기 때, 나무는 살아남기 위해 위도, 고도뿐만 아니라 경도를 따라 더 적합한 땅으로 이동했다. 나무의 이동이 씨앗의 분산 속도에 맞춰지도록 최소한 기후변화가 다소 천천히 일어났고 생태계가 충분히 유지됐다. 마지막 빙하기 이후, 상록참나무Quercus ilex라 불리는 나무가 유럽을 다시 점령한 속도는 연간 700m로, 움직일 수 없다고만 생각한 나무치고는 놀라운 이동 속도다.

생물기후의 실제 이동 속도는 적어도 5배는 빠르다. 20년

만에 프랑스의 평균 기온이 1℃ 올랐는데 이는 북쪽으로
180km 떨어진 곳이나 150m 고도가 높은 곳의 기후와 같다.
변해버린 풍경 속에서 상록참나무의 위도상 평균 이동 속도
는 실제로 연간 60m가 되지 않는다. 로브르참나무Quercus robur
와는 달리 물을 효과적으로 이용해 기후에 적응할 수 있었던
것이다.[119]

오늘날 변해버린 풍경에서 나무가 마주한 이동 제한은 프
랑스에서 구주소나무Pinus sylvestris로 조성된 숲이 왜 행렬털애
벌레Thaumetopoea pityocampa 때문에 피해를 보았는지 설명해준다.
행렬털애벌레는 반복되는 가뭄으로 약해져 저항력을 상실한
나무를 이용해 일 년에 5km 이동한다.[120] 매우 조밀해서 최
소한의 물만 흡수할 수 있는, 단일 종으로 구성된 숲은 해충에
더욱 취약하다.

▲▲▲

북아메리카에서 활엽낙엽수가 기온이 더 낮은 고도가 높
은 곳이나 북쪽보다 강수량이 더 풍부한 서쪽으로 이동한 이
유도 이와 같다. 1980년부터 경도를 따른 이동 속도는 연간
1.5km로 매우 빠르다. 나무에게는 기후보다 물이 충분한지가

더 중요한 것이다.[121] 게다가 현재의 생물물리학적 환경은 매우 인간 중심적이고 생태적으로 이어져 있지 않아서 숲은 과거처럼 더는 느긋하게 움직이지 못한다. 로브르참나무의 후빙기 이동에 대한 연구에 따르면 나무는 멀리 퍼져나갈 수 있는 이례적인 기회를 이용했지만 매우 빠르게 이동한 적은 드물었다.[122] 이 나무가 세상이 끊임없이 자연 식물로 다시 뒤덮였던 시대에는 적합했을지 몰라도 오늘날에는 더 이상 맞지 않다.

그런 점에서 볼 때 숲에서 일어날 수 있는 일은 세 가지다. 기후에 적응하는 것, 인간의 손을 거쳐 이동하는 것, 그리고 사라지는 것이다.

프랑스의 식물은 이동하기보다는 지구온난화에 적응한 듯하다. 이러한 과정은 계속되는 지구온난화의 영향 속에서 식물이 곧 사라질 것이라는 '생태 부채*'의 위험성을 보지 못하게 가려버린다.[123] 지구온난화에 적응한다는 것은 폭풍우, 폭염, 가뭄, 화재, 천적 곤충의 공격과 같은 극한의 상황을 받아들인다는 것을 의미한다. 이를 위해 임업은 경제적 이유로 제한해왔던 유전자원의 저변을 넓혀야 한다. 캐나다의 브리티

* dette climatique. 기후 부채라고도 하며, 지구온난화 상황에서 부유한 국가에 더 큰 책임을 전가시키는 개념을 말한다.

시컬럼비아British Columbia주에서 실험한 대로, 더 북쪽 또는 더 높은 곳에 나무를 심음으로써 식물의 이동을 돕는 방법도 있다. 그러나 우리가 보았듯이 북쪽 지방이 반드시 최선의 장소는 아니다. 가능성이 가장 높은 마지막 방법은 적응하지 못한 종이 국지적으로 사라지는 것이다.

그렇다고 해서 숲이 완전히 사라지는 것은 아니다. 숲은 새로운 모습으로 재구성된다. 대기 중 포화된 이산화탄소는 이미 숲의 성장을 촉진하고 있다. 숲은 이런 이유로 세계적으로 소생하고 있다.[124]

숲은 쉽게 사라지지 않는다.

새로운 지질시대
인류세로 접어들다

인간의 부지런한 활동으로 인해 인간 사회는 대부분의 육지 환경을 바꾸었다. 이러한 변화는 이미 오래전에 시작됐다. 불은 45만 년 전 처음 사용됐고 10만 년 전 영장류가 자유자재로 다루게 됐다.[125] 8000년 전에는 온실가스가 발생하고 지구 반사율이 변하면서 지구의 기후 또한 바뀌기 시작했다.[126]

'6번째 대멸종'은 현재의 현상이지만 인간으로 인한 식물 종의 종말은 이미 오래전부터 일어났다. 육지의 거대 동물이 사라진 데에 대한 인간의 책임은 1만 년 전으로 거슬러 올라간다. 폴리네시아에 최초의 카누가 등장했을 때 태평양에서 조류 개체수의 3분의 2가 사라졌다.[127] 현생인류가 진보함에 따라 오늘날 20여 종만이 밝혀진 고대 인류마저 사라져버렸다.[128] 다른 환경 변화와 우연히 일치해 발생한 일일까, 아니면 다른 인과관계가 있는 것일까? 누구도 단언할 수 없다.

　지난 세기, 인간은 거대한 생태적 과정을 급격하게 바꿨다. 인구가 줄어듦에도 불구하고 육지 개발을 이어갔고, 그에 따라 이제는 대기권, 수권, 암석권 그리고 생물계가 복구할 수 없을 만큼 변화했다.[129] 이제 우리는 홀로세*에서 인류세**로 접어들고 있다.

　사회경제적 성공이 만들어낸 변화, 황무지를 경작 지역, 심지어 산업 지역으로도 바꿀 수 있는 이 거대한 변화로 인간의 통제를 벗어난 전대미문의 생태계가 출현하게 되었다. 경작

---

*　Holocene Epoch. 지질시대의 최후 시대로 충적세, 전신세, 완신세 또는 현세라고도 한다.

**　Anthropocene, 人類世. 2000년, 네덜란드의 화학자 파울 크뤼천(Paul Crutzen)이 제안한 용어로, 인간의 자연 파괴로 급격하게 변한 지구의 환경을 새로운 지질시대의 개념으로 설명하였다.

지를 버려두고 숲을 훼손한 탓에 외래종 식물이 흘러들어와 적당한 장소를 차지한 것이다. 그렇게 우리에게는 잡다해 보이는 식물 종이 모이기 시작하면서 만들어진, 고생물과 신생물이 뒤섞여 공존하는 혼합 생태계는 현재 일어나고 있는 환경의 우연성에 적응한다.[130] 이 생태계는 땅을 보호하고 대기 중 탄소를 고정하는 데 기여한다. 다양한 현지 식물의 서식지가 되고 목탄에서 목재에 이르기까지 많은 생산물을 제공한다.[131] 혼합 생태계는 훌륭한 기능을 하며 지속적으로 소임을 다한다.

브라질 파라Para주에서 방목지를 만들기 위해 아마존 숲에서 선택한 면적의 25%에 오늘날 이차림二次林이 생겼다. 이차림이 탄소를 흡수하는 비율은 원시림으로 불리던 예전 숲보다 20배 높다.[132] 라틴아메리카의 45개 숲을 대상으로 진행한 종합 평가에 따르면 벌목된 후 숲이 본래 생물량의 90%를 회복하기 위해서는 65년이면 충분했다.[133] 열대림에 대한 또 다른 메타분석에서는 이차림에서 살고 있는 조류 종의 수는 원시림에서보다 고작 12%가 부족했다. 100년 만에 가장 위협

받던 특정 조류의 구성은 처음보다 99% 회복됐다.[134]

정확히 예측할 수 없는 미래의 어떤 시점에 인간의 통제를 받지 않는 식물군과 동물군은 최소한 열대림의 70%를 차지하게 될 것이다. 생물이 자연을 거스르는 것은 아니다. 많은 나무들은 예측하지 못한 급격한 변화에 화합하고 적응해가며 이동한다.

우리가 나무에게 번식하고 확산하며 정착하는 능력을 넘겨주면 나무는 최악의 상황에 적응할 줄 알게 된다. 그러나 우리가 공간을 정비하는 방식 때문에 나무는 안전한 이 세 가지 능력을 더 이상 발휘할 수 없게 되어 결국 우리의 미래는 불안해진다.

그래서 나무가 헌신한 화합 교향곡 이후에 기나긴 침묵이 이어질 위험이 있다.

5장

나무는
우리에게
어떤 의미인가

PENSER COMME UN ARBRE

우리는 보통 이상적인 세상의 구조를 표현할 때 풍성한 나뭇잎을 가진 나무의 모습을 그려 넣는다. 그리고 관념적인 세계 구조와 나무를 연결 지으면서도 현실에서는 나무를 세계와 떼어놓는다. 이러한 이유로 우리를 둘러싼 나무에게서 우리와 직접적이고 감성적인 연결을 유지하는, 살아 숨 쉬는 존재를 더 이상 볼 수 없다.

그러나 나무는 연속된 우연, 정신의 진보, 소통과 분기, 계통과 세분, 가능성의 서열화, 조직의 구조화를 자신의 형태를 통해 매우 우아하게 구체화한다. 또한 논리적인 사고에 변화를 주고 혼란에 질서를 부여한다.

더불어 생물의 시간, 완만한 곡선과 예리한 꺾임, 과거의 흔적과 미래의 형태를 표현한다. 모든 나무가 완벽하지는 않더라도 자신만의 역사를 그리고 있다. 우리는 나무의 여정에서 돌발적인 상황, 성공하지 못한 도전, 공간 속으로 잠기는 모습을 읽을 수 있다.

뒤에서 살펴보게 되겠지만 생물의 진화와 함께 종의 분화를 설명하기 위해 찰스 다윈Charles Darwin이 나무의 형상을 고려한 것도 식물학과의 유사성 때문일지 모른다.

오늘날 우리가 정보망과 지식망을 표현하기 위해 떠올리는 것이 바로 뿌리가 교차하는 망이다. 뿌리와 망은 혼동되어 나무의 뿌리가 때로 정보망에 동화되기도 한다. 그래서 그 교차점은 결국 그 자체로 다의적인 성격을 띤다. 이 교차점은 생각의 급변을 가리키며, 새로운 나뭇가지의 출발점을 의미하는 동시에 고난을 겪어 갑작스럽게 훼손된 유동성을 버텨낼 수 있는 저항점을 나타내기도 한다.

가상의 또는 관념의 나무가 완벽한 형태를 지니는 것도 이러한 연속되는 교차점 때문이다.

나무는 어떻게
상징이 되는가

나무는 우리의 시선을 사로잡는다. 특히 감각적인 세계의 근본적인 이미지 중 하나다. 서로 다른 세 가지 물의 흐름에서 우리는 나무를 발견하게 된다. 유리창 위로 성에가 만들어내는 그림, 산에서 바다까지 흐르는 하천, 불덩이 위로 치솟는 수증기 가득한 연기가 그 세 가지다. 우리의 신체 기관, 즉 폐 기관지나 모세 기관지, 혈류와 림프 계통에서도 나무를 발견할 수 있다. 나무속 수액의 흐름 역시 그런 구조를 가졌다.

자연 속에 존재하는 나무 구조는 모두 관개와 배수가 합쳐진 규칙적인 호흡의 형태를 띤다. 폐호흡과 혈액 순환이 대표적인 예다. 하천의 경우, 점진적인 침식 덕분에 상류로 갈수록 물길이 점점 좁아진다. 나무는 수액이 올라갈 때와 내려갈 때 똑같은 물관을 지나지 않지만, 여기서 수액이 오르고 내리는 두 가지 움직임을 볼 수 있다.

나무는 들숨과 날숨의 근본적인 연결 고리를 보여주는 도면이다.

🌲🌲🌲

생물의 모든 형태는 역선力線을 결정하는 유체역학의 모델이다. 동물의 배아가 형성되는 동안 미래에 형성될 신체의 구성적 형태는 닫힌 공간에서 일어나는 세포의 유체 운동에 의해 결정된다. 제한된 수로 일어나는 유체 운동은 난자와 정자의 행복한 만남의 결실인 수정란의 닫힌 공간에서 제한적으로 일어난다. 그래서 동물계에서 열거할 수 있는 신체 형태의 구성도는 30여 개밖에 되지 않는다.[135] 생물물리학자 뱅상 플뢰리Vincent Fleury가 웬트워스 톰슨Wentworth Thompson의 연구에 영향을 받아 제시한 구성도에서도 배아 형성의 공간적 제한성에 의한 한계가 보인다.[136]

 씨앗의 경우에 동물의 배아 발달과 같은 형태를 볼 수 없다. 닫힌 공간에서 형성되는 배아가 없으므로 밀폐로 결정적인 형상이 만들어지지 않는다. 식물에게서 미래 형태의 초기 모습을 보게 되는 것도 단지 발아 직후인 성장기 동안만이다. 식물은 그 자체로 자신의 기반이 되는 유동성을 설명해준다.

 안에서 밖으로, 즉 줄기에서 잎으로 이루어지는 식물의 유동성으로 인해 나무에게는 공중에서 볼 수 있는 특징이 생겼다. 나무는 복잡한 형상과 거의 액체 같은 몸짓으로 자신을 드러낸다. 그런데 시간성에 갇힌 우리 눈에는 슬프게도 이 몸짓이 순간적으로 경직된 것처럼 보인다. 자유로운 유동성과 나무의 형태가 뒤섞인 나무의 몸짓이 우리의 감각을 초월하는 것이다.

 나무는 광합성을 통해 탄산가스와 물로 자신만의 기관과 조직들을 만든다. 물은 생명의 근본적인 매개체로서 생명보다 앞서 존재해서 생명이 구성될 수 있게 했다. 나무 안에서 물은 여전히 중요한 자리를 차지해서 나무의 최초의 움직임과 같다고 할 수 있다. 모든 나무는 물길이다. 우리는 이러한 나무의 유동성을 비유적으로 설명하려 하고, 사고를 구조화하고 유연하게 만들기 위해 나무 형상에서 영감을 얻는다.

따라서 우리의 사고가 논리, 분류, 프랙털, 계통, 계통발생, 역학, 연금술, 도식, 정보과학, 확률, 진보가 총망라된 나무 구조로 되어 있다는 사실에 놀랄 필요는 없다. 또한 우리가 뿌리나 몸통이 아닌 가지의 분화처럼 지식의 가지들을 탐험하는 경향이 있다는 사실 역시 놀랄 일이 아니다. 그래서 사고가 뒤얽혀 있다면 때때로 소위 가지치기를 해야 한다.

모든 명상가는 자신도 자각하지 못한 채 정원사가 된다.

나무에서 발달한
논리적 사고

나무는 서구 사회에서 보편적으로 쓰이는 상징이다. 샤를 보들레르Charles Pierre Baudelaire가 그의 시 〈상응Correspondances〉에 썼듯이 이 상징은 그 자체로 '상징의 숲'으로 자연스럽게 구성된 듯하다. 철학자 로베르 뒤마[137]는 《나무의 철학》에서 나무를 모든 상징의 모델로 만들어 나무의 영향을 받은 개념의 목록을 작성했는데, 지루할 정도로 길었다.

나무는 우리의 정신을 영적이고 예민한 측면으로 안내하지만 이성의 모델 역할을 하기도 한다. 철학자 브누아 데좀브레에 따르면 "나무의 논리적 이력은 종교적 이력만큼 확산적일 뿐 아니라 탁월하다."[138] 로베르 뒤마는 "나무는 우리의 사고를 구조화하고 활력 있게 만드는 유추의 저장고이자 논리적 사유"라고 썼다.[139] 나무의 형상은 특히 우리가 모든 혼란으로부터 논리적 구조를 도출하는 데에도 적합하다.

따라서 나무의 뿌리로 문제에 맞서고 가장 가느다란 분기까지 나무 구조의 여정을 좇아 그것이 나타낼 수 있는 형상들을 따라가는 것이 중요하다. 나무는 논리적인 진전에 형상을 부여한다. 베이지안 분석*에서 비교적 최근의, 특히 복잡한 통계적 접근 유형에서 나무가 다시 한번 등장한다. 나무는 그래프의 모든 형태가 그렇듯 두 개의 교차점이 오직 하나의 선으로 연결되어 있다.

---

* Bayesian analysis. 토머스 베이즈(Thomas Bayes)가 정립한 이론으로, 주관적 확률(subjective probabilities)을 실제 가능한 일로 설정하여 분석하는 통계 분석의 하나.

▲▲▲

르네 데카르트René Descartes가 자신의 사유를 확고하게 정립
하는 데 근거를 둔 것도 나무의 이러한 형상이다. 데카르트는
뿌리를 형이상학으로, 몸통을 물리학으로, 나뭇가지를 여러
학문으로 여기며 서양의 철학을 나무로 묘사한다.[140] 프랑스
의 철학자 알렉상드르 쿠아레Alexandre Koyré는 데카르트에 대해
"사유에는 점진적 질서가 있다. 사유는 개념에서 사물로, 단순
한 요소에서 복잡한 일체로 나아간다. 스스로 구체화되며 원
리의 단일성에서 다양한 복합성으로 전진한다. 또한 이론에
서 응용으로, 형이상학에서 물리학으로 물리학에서 기술, 의
학, 도덕으로 걸어간다"[141]라고 썼다. 거의 변함없이 데카르트
의 사유는 나무의 형상을 따라간다.

　보편에서 특수로 옮겨가며 둘로 나뉜 분기로 발전한 최초
의 계통수*는 고대 그리스로 거슬러 올라간다. 그러나 대상
들의 차이점과 유사점을 나타낸 마인드맵 형태의 도식은 아
니었다. 중세시대에야 비로소 대상 전체의 조직을 이분법으
로 보여주는 '포르피리오스의 나무**'의 등장과 함께 나무

* 系統樹. 진화에 의한 생물의 유연관계를 나무에 비유하여 나타낸 그림.

구조를 다시 근본적으로 구체화하는 최초의 분류가 나타났다. 오늘날에는 대상 간 연결의 정도를 보여줄 때 덴드로그램***('dendron'은 그리스어로 '나무'를 의미한다)을 쓴다.

그러나 나무의 결합은 나무의 구조를 넘어선다.

나무는 세상의 구조를 나타내기도 하지만 항상 일시적이고 미완성인 상태를 보여주기도 한다. 생물의 최초 계통수에는 나무가 과거나 미래 없이 순간에 갇힌 존재이며 한 번만 탄생한다는 자연주의자의 관점이 담겨 있다. 진화하는 동안 천천히 일어나는 생물의 계통은 여기에 등장하지 않는다. 이후 등장한 다윈이 그려낸 계통수 초안은 그다지 부족한 점이 없어 보일 정도로 완성도가 높았다.

계통발생학과
나무의 관계

나무의 이미지는 자연스럽게 점진적 사유의 기반이 된다.

** 페니키아의 철학자인 포르피리오스는 아리스토텔레스의 '범주'를 연구하여 '나무' 도식으로 정리하였다.

*** dendrogram. 생물 분류군 간의 유연관계나 진화 등을 나뭇가지 모양으로 나타낸 그림으로 수지도(樹枝圖)라고도 한다.

1745년, 제네바의 자연주의자인 샤를 보네Charles Bonnet가 "세상의 모든 부분에는 점증이 있다. 이는 숭고하며 우리에게 명상의 대상이 될 만한 가치가 있다"라고 쓴 것처럼 말이다.[142] 그러나 계통수가 보여주듯이 시간 속에도 점증이 있다.

계통수는 생물이 그 기원과 유연관계를 점점 잃어버리는 현대 사회 안에서 가계도를 만든다. 그리고 계통발생 시점을 다시 강조하고 각각의 가계에 계통 특성이나 심지어 유전적 특성을 돌려준다. 또한 사회적으로 부여된 모델과 명령, 획일화된 방식에 균형을 제공한다. 그렇게 각각의 가계는 동일한 계통수를 갖는다. 한편 계통수를 통해 세대가 흐를수록 갈라지는 새로운 가지들을 매우 쉽게 알아볼 수 있다.

우리가 알고 있는 계통수의 시작은 9세기다. 그러나 법률가들이 친자관계나 친권을 다이어그램 형태로 그린 가계도를 만들기까지는 그 후로 2세기가 더 필요했다. 14세기 초, 성 도미니크 수도회의 베르나르 귀Bernard Gui가 처음으로 《프랑스 역대 왕 계보도Arbre de la généalogie des rois de France》를 편찬했다. 가계도가 메달이 달린 나뭇가지처럼 표현되어 있는데, 이 나뭇가지에는 강한 의미가 더해지며 용어에 부여된 본래의 뜻이 더 확장되었다.

그 최초의 인물은 프랑스의 과학자 뷔퐁Georges-Louis Leclerc

Comte de Buffon이었다. 뷔퐁은 나무를 종의 생물변이설을 설명
할 수 있는 형상으로 봤다. 1766년 그의 저서《자연사Histoire
naturelle》14권에서 조상과 유연관계가 있는 비슷한 종을 분류
하기 위해 나무를 활용했다. 같은 해에 그의 제자 니콜라 뒤
세느Nicolas Duchesne는《딸기나무의 자연적 역사Histoire naturelle des
fraisiers》에 종의 생물변이설을 표현하기 위해 나무를 그려 넣
었다.[143] 그리고 이 나무로 하나의 조상에서 파생된 다양한 딸
기나무를 보여주었다. 그러나 이 삽화는 진정한 계통수는 아
니었다. 갈라진 가지가 표현되지 않았기 때문이다.

1809년, 프랑스의 생물학자 장 바티스트 라마르크Jean Baptiste
Lamarck는《동물 철학Philosophie Zoologique》을 발표하면서 거기서
더 나아가, 진화하지만 미완성인 나무를 이용하라고 제안했
다. 그는 나무의 분기 과정이 보여주는 생물변이 과정을 따라
서 종의 분류군이 어떻게 다른 분류군에서 파생되는지를 도
표로 설명했다. 그러나 로베르 뒤마는 "라마르크가 최초의 계
통수를 심고자 했다면 다윈에게서는 그 뿌리를 발견할 수 있
다"라고 말했다.[144] 생물변이설에 대한 설득력 있는 이론을 제
시할 수 없었던 라마르크는 자신의 나무(도표)에 비옥한 땅과
물을 마련하지 못했다는 점을 인정할 수밖에 없었다.

▲▲▲

1859년이 되어서야 찰스 다윈의 《종의 기원On the Origin of Species》에서 유일한 삽화이자 종의 계통발생학을 보여주는 나무가 마침내 등장했다. 이 나무는 연속 발생을 본질적으로 설명하며 같은 조상에서 출발해 여러 종으로 분화되는 가설을 훌륭하게 보여준 표상으로 자리 잡았다.

찰스 다윈은 자연도태를 다룬 4장의 마지막 요약에서 계통발생학을 설명하기 위해 나무 형상의 이점을 다음과 같이 설명했다.

"나무의 형상은 같은 종류에 속하는 모든 생물의 유사성을 보여준다. 그래서 나는 나무의 형상이 관계를 올곧이 보여줄 것이라 생각했다. 잔가지와 싹은 현존하는 종을, 지난해 돋아난 가지는 멸종된 종의 오랜 연속을 나타낸다. 존재하기 위한 위대한 싸움 속에서 종과 그 무리가 항상 다른 종을 이겨왔던 방식으로, 모든 잔가지는 성장기마다 가지를 사방으로 밀어내고 주변의 가지 위로 불쑥 올라와 멸종시키려고 한다."145

다윈은 나무 자체의 기능을 염두에 두고 나무 구조를 종의 진화를 관장하는 원리로 삼았다. 그런데 잔가지들 사이에서 과열된 경쟁이 일어나는지는 확실하지 않다. 나뭇가지들은 오히려 서로 이익이 되는 다른 가지에 적응하는 듯하다. 따라서 우리는 나무의 분기에서 단순한 경쟁을 넘어서 서로 적응하려는 힘과 공존하는 기술을 가지고 있다는 가설을 고려해볼 수 있다.

　독일의 자연주의자 에른스트 헤켈Ernst Haeckel은 1866년부터 생물계를 동물계, 식물계, 원생생물계 세 가지로 구분하고 그에 따라 생물계 나무를 만들기 위해 다윈의 계통발생학 나무를 다시 구체화했다. 1874년에는 비교발생학에서 시작된 동물계의 계통발생을 보여주는 생명의 나무를 제안했다. 이 나무의 꼭대기에는 인간종이 자리 잡고 있다.

　계통수가 오랫동안 진화론자들의 성배로 남은 반면, 수평적 유전자 이동을 이해할 수 있는 계통발생 조직도 같은 이미지들은 널리 인정을 받았다.

인간의 역사와
함께해온 나무

　인간과 마주 선 생물로서 나무는 상징에 집중하고 또한 상징을 바꾼다. 보이는 현실과 보이지 않는 현실을 모두 가진 나무는 땅의 물질성과 하늘의 정신성을 연결한다. 그리스 신화에 등장하는 크로노스의 세상과 우라노스의 세상을 연결하는 것이다. 계절에 따라 변하는 모습을 통해 나무는 지구가 태양 주변을 도는 공전을 보여준다.

　나무의 이러한 상징적 중요성[146] 때문에 나무는 오히려 숭배의 대상이 되었다. 오래전, 나무 숭배는 범신론적 숭배라기보다는 나무의 상징적인 힘을 숭배하는 것에 가까웠다. 그래서 '나무를 만져라'라는 말은 이제 하나의 미신이 되었다. 중세시대 기독교인들은 나무를 만지는 것이 마치 십자가를 만지는 것과 비슷해서 불운을 막아준다고 믿었다. 무엇보다 나무, 즉 숲은 하늘의 불가사의한 힘과 땅의 물질성을 이어주는 안전장치이자 피뢰침과 같다.

　나무와 관련해 가장 친밀하고 보편적인 상징은 인식에 대한 것이다. 특히 앞에서 설명한 이성과 관련되어 있다. 1장에서 우주의 차원으로 나무를 설명한 바 있다.

　1952년 '나무그림 검사'를 만든 심리학자 샤를 코흐Charles Koch에게 나무는 인간의 육체와 세상의 관계를 상징하는 훌륭한 표상이었다. 그는 환자들에게 흰 종이 위에 나무를 그리라고 했다. 종이에 그려진 나무는 사회적 안착을 의미한다. 작게는 열등감을 보여주고 크게는 비슷한 부류의 사람들에게 자

보이는 현실과 보이지 않는 현실을 모두 가진 나무는
땅의 물질성과 하늘의 정신성을 연결한다.

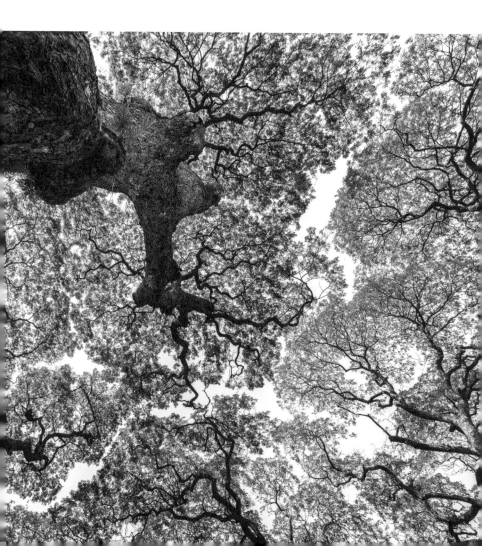

신을 드러내고 싶은 욕망, 심지어 그들 위에 서고 싶다는 욕망
을 드러낸다. 뿌리는 충동을, 몸통은 나를, 나뭇잎 모양은 타
인과의 관계를 보여준다. 나무의 모든 것이 자의식의 상징적
표상과 관련이 있다.

▲▲▲

숲이라는 뜻의 프랑스어 'sylve'가 자유로운 상태와 비슷한
야생과 원시를 의미하는 프랑스어 'sauvage'의 어원에서 파생
된 까닭에 프랑스 혁명에서는 의도적으로 살아 있는 나무를
상징으로 이용했다. 프랑스 혁명이 나무에 중요한 의미를 부
여하면서 혁명 그 이상의 의미를 담게 된 나무는 상징적으로
는 혁명 기간 동안, 더 나아가서는 영원히 혁명이 안착되도록
했다. 또한 혁명은 나무로 혁명 지상주의의 핵심 도형을 만들
었다.

아름다운 계절이 돌아온 것을 축하하기 위한 5월제에 세워
진 메이폴maypole이라는 기념 기둥은 자유의 나무로 그 의미가
바뀌었다. 1792년 봄과 여름에는 6만 그루의 나무를 심었지
만 대부분 단순한 기둥이나 대충 가지를 치고 땅에 박은 몸통
뿐인 나무였다.

이 가운데 진짜 나무도 있었지만, 몇 년밖에 살지 못했다. 왕정복고 시대에 훼손됐기 때문이다. 그러나 자유의 나무는 참나무, 포플러나무, 보리수, 느릅나무가 소생한 1830년과 1848년에 다시 태어났다. 1848년 3월 2일 보주 광장에서 빅토르 위고는 자유의 나무 식수를 기념하여 그 상징적 가치를 이렇게 설명했다.

"아름답고 진정한 자유의 상징은 나무다. 나무가 땅의 심장부에 박혀 있듯이 민중의 심장 속에 자유의 뿌리가 박혀 있다. 자유는 나무처럼 자라 하늘을 향해 그 가지를 뻗는다. 그렇게 끝없이 자란 자유는 그늘진 자리에 있는 자손들을 감싸안는다. 첫 번째 자유의 나무는 신이 1800년 전 골고다에 심었다. 즉 십자가 위에서 예수그리스도는 인간의 자유, 평등, 형제애를 위해 희생하셨다."

이 마지막 자유의 나무는 오늘날 몇 그루나 남아 있을까? 적어도 프랑스 주화 1유로 뒷면에서 그중 하나를 발견할 수 있다.

숲은 상징적으로 사회규범을 따르지 않는 반항 정신의 피난처를 대표하기도 한다. 정의상, 숲은 개화된 세상을 넘어서는데, 이는 라틴어 'forasticus'가 '외부'를 의미하기 때문이다.* 더구나 숲은 반항 정신을 극대화한다. 멀린과 비비안**, 이교도 신화의 설교자들, 로빈 후드, 소설가 모리스 주느부아Maurice Genevoix의 밀렵꾼 이야기《라볼리오트Raboliot》, 소설가 베르코르Vercors의 작품 속 레지스탕스 활동가들, 그린피스 레인보우 워리어Greenpeace Rainbow Warrior의 환경보호자들은 실제와 가상을 넘나들며 나무를 통해 그들의 불복종을 표현하였다.

숲을 피난처로서 표현한 작품도 있다. 엘리 베르뎃Élie Berthet의《숲의 아이들L'Enfant des bois》부터 에른스트 윙거Ernst Jünger의 《반항 서약 혹은 숲에 의탁Traité du rebelle ou le Recours aux forêts》, 미국 애니메이션 〈부그와 엘리엇Open Season〉까지. 때로는 두문자어***를 통해 나무는 환경보호를 위한 생태적 연대 운동에 참

---

*　프랑스어로 숲을 'forêt'라고 한다.

**　아서왕 전설 속 아서왕의 참모이자 예언자인 멀린은 호수의 요정 비비안을 사랑해 그녀에게 사람을 감금하는 주문을 알려주지만, 이후 비비안의 꾐에 빠져 숲에 갇히고 만다.

***　환경보호를 위한 브레이 지역 연합(Association rurale brayonne pour le respect de l'environnement)을 'A.R.B.R.E(나무)'로 간략하게 표현하는 것이 그 예다.

여하기도 했다.[147]

그러나 나무에 부여된 모든 상징적 기호들이 똑같이 고결하지는 않다. 전통적 가치에 중점을 둔 비시 정부*는 나무 숭배를 다시 이용했다. 그래서 트롱세Tronçais 지역의 숲에 있던 참나무는 총사령관 페탱 Henri Philippe Benoni Omer Joseph Pétain, 정치가 가브리엘 페리Gabriel Péri를 거쳐 이후 레지스탕스를 상징하게 되었다. 참나무에는 흔히 영혼을 부르는 특별한 힘이 있다고 여겨지는데, 참나무를 뜻하는 라틴어 'robur'에는 힘이라는 의미도 포함되어 있을 뿐 아니라 참나무가 최대 40m까지 자라기 때문이다.

나무가 뿌리내린 장소와 그 종류가 일반적으로 영토, 국가, 지역의 상징이 되기도 한다. 여러 지역의 이름들이 나무의 이름과 관련되어 있다. 레바논의 서양삼나무, 캐나다의 단풍나무, 마다가스카르의 나그네나무, 코스타리카의 구아나카스테 Guanacaste, 모로코의 키 작은 가시나무, 아르헨티나의 에리트리나Erythrina, 북한의 산목련(함박꽃), 뉴질랜드의 카우리Kauri, 라오스의 플루메리아Plumeria가 대표적이다. 프랑스에는 세벤느Cévennes와 코르시카의 밤나무, 리무쟁Limousin의 너도밤나무,

---

* 2차 세계대전 중 나치 독일 점령 하의 남부 프랑스를 통치(1940~1944년)한 친독일 괴뢰정권.

오브락Aubrac의 서양물푸레나무, 노르망디의 사과나무, 로렌 Lorraine의 미라벨나무가 있다.

어디서나 나무는 그 지역만의 특색을 입는다. 그렇게 정체성을 갖게 되는 것이다.

6장

나무와 인간의
지속가능한
발전

　　1987년, 그 유명한 유엔 브룬트란트 보고서를 통해 '지속가능한 발전'이라는 개념이 처음 소개됐다. 이 개념은 '자신의 필요를 충족시킬 수 있는 미래 세대의 능력을 손상하지 않으면서 현재 세대의 필요를 충족시키는 발전 방식'[148]에 기반을 두고 있다.

　　이 개념은 인간 사회에서 경제적 발전을 지속하기 위해 사회적, 환경적 측면을 망라한 학문으로 경제를 꼽는다. 2015년 유엔은 빈곤 퇴치, 환경보호, 모두를 위한 번영을 하나의 목표로 두고 지속가능한 발전을 위한 17대 목표를 제정했다. 경제 발전에만 의존할 경우 기술주의의 톱니바퀴와 그 모순에 의해 망가질지도 모른다는 우려에서 시작된 매우 야심 찬 프로그램이다.

　　진정한 지속가능한 발전의 동력이 행정구역 안에 있다고 생각할 수도 있다. 지속가능한 에너지 사용은 검토를 거쳐 필연적으로 인간에게 맞춰질 것이기 때문이다. 따라서 행정적 기준이 지속가능성에 힘을 불어넣어야 한다.

생물은 이런 가능성을 발휘할 능력이 무궁무진하다. 이런 관점에서 나무는 특별한 위치에 있다고 할 수 있다. 주요한 영감을 주는 원천이기 때문이다. 나무는 자신을 구성하는 유기물을 스스로 만들고 완전히 생분해한다. 끝없이 재생산하기 때문에 에너지 계획에서도 자유롭다. 탄소를 고정하고 산소를 발생시키며 공기와 물을 정화하고 급변하는 기후와 그 징후들을 완화한다. 유연하고 내성 있으며 절제할 줄 알아 자신이 만든 것을 거의 소비하지 않는다. 나무는 여러모로 지속가능하며 또한 인간 사회에 이러한 존재 방식을 제안한다.

혼자 있든 숲을 이루며 있든 나무는 소위 조절 작용이라는 생태적 소임을 다하는데 우리는 그 덕을 톡톡히 본다. 나무는 가장 안전한 피난처 중 하나인 생물다양성을 지키고 최근 변덕스럽고 불확실해진 물의 흐름을 조절하며 지구온난화를 약화시키는, 우리의 훌륭한 동료다. 문제는 지구온난화가 가속화되고 있다는 것이다. 40억 명의 사람들이 물 부족으로 고통받고 세계 각지에서 극도로 변덕스러운 고온에 노출되어 있다. 일부 생물의 기능에 영향을 미치는 열의 흐름은 여러 국가에서 식량 부족, 분쟁, 이민과 사회정치적 긴장을 낳는다.

그러므로 우리가 이득을 보려면 문화적, 상징적, 정신적인 이유뿐만 아니라 경제적, 사회적, 환경적인 이유 때문에도 나무와 연합해야 한다.

재활용을
다시 생각하다

2014년 프랑스에서는 버려진 생활 쓰레기 및 기타 쓰레기의 양이 3억 2,400만t이었고 그중 4,800만t만이 쓰레기 처리장으로 보내졌다. 효율적으로 재활용된 쓰레기는 175만t[149]으로 전체 쓰레기 양의 5% 정도밖에 되지 않는다.

분명 현저한 기술 발달에 힘입어 재활용 상황이 개선되고 있기는 하다. 하지만 산업 쓰레기는 논외로 하더라도 가장 큰 문제는 재활용을 하기에 벅찰 정도로 넘쳐나는 쓰레기의 양이다. 쓰레기 처리 방법이 변화하는 단계에 있기는 하지만, 재활용에 따른 오염 문제 해결, 더 나아가 환경을 재생할 수 있는 제대로 된 재활용은 아직 먼 이야기다. 2025년에는 문제가 해결될 수도 있겠지만, 그때가 되더라도 지금의 절반도 안 되는 쓰레기만이 사라질 것이다.[150]

　간편함을 추구하는 현대적 소비 방식은 '캐내고 만들고 사용하고 버리는 데'[151]에 집중되어 있어서 지혜롭지 못하다. 오히려 물리법칙과 생물법칙에 따라 예전으로 돌아가 새롭게 만드는 것이 더 바람직하다. 예를 들어, 수단을 절약하고 손실을 최소화하면서 가장 올바르고 지속가능한 방식, 즉 오랫동안 최선을 다하는 수공업 방식처럼 말이다.

　생명체가 삶을 영위하는 방식도 프랑스의 화학자 앙투안 라부아지에Antoine Lavoisier가 제창한 유명한 패러다임과 마찬가지다. 그는 물질에 대해 "아무것도 사라지지 않고 새로 생기지 않는다. 다만 모든 것들은 다른 형태로 변화할 뿐"[152]이라는 사실을 발견했다. 프랑스가 순환 경제로의 전환을 위해 2015년 8월 제정한 '녹색성장을 위한 에너지 전환법'도 이와 비슷한 원리를 따른 것이다.

　고갈되지 않는 영감의 원천은 우리가 그것을 숙고할 때만 등장한다. 숲은 재활용의 모범 사례다. 쓰레기를 영감의 원천으로 받아들일 수 있다면 쓰레기 역시 다른 것의 원자재가 될 수 있다. 나무는 해마다, 궁극적으로는 죽을 때까지 풍요로움

을 준다. 또한 무엇도 버리거나 땅에 묻지 않고 전부 재활용
한다.

그러나 생물 관찰을 근거로 한 '청색' 순환 경제의 창시자인
경제학자 군터 파울리Gunter Pauli는 모든 나뭇잎은 땅에 떨어진
후 다시 나뭇잎이 되지 않고 부식토가 된다는 점을 발견했다.
나뭇잎의 재활용 시스템은 복잡하다. 영양분, 물질, 에너지를
생성하고 이를 통해 이득을 본 주변의 생물들은 순서에 따라
재활용된다.[153] 재활용이 단순한 순환에 그치지 않는 것이다.

생명은 모두 언젠가는 땅 위에서 죽은 유기물질이 되고 만
다. 나무도 마찬가지다. 나무의 구성 요소는 부식생물saprophages
(그리스어로 'sapros'는 부식을, 'phagos'는 먹는 사람, 즉 짐승을 의
미함)에 의해 분쇄되어 지렁이, 벌레, 원생동물을 끌어모은다.
그 후 균류와 박테리아가 이 물질을 분해하고 무기물로 만들
어 다른 생물들에게 쓰이도록 한다. 그러면 이 생물들은 거기
에서 에너지, 심지어 자신만의 양분을 얻어낸다. 나무 주변의
생물들 사이에서 재활용이 이루어져 먹이사슬이나 망을 따라
관계를 맺으며 작용하는 것이다.

나무는 해마다, 궁극적으로는 죽을 때까지 풍요로움을 준다.
무엇도 버리거나 땅에 묻지 않고 전부 재활용한다.

▲▲▲

여기서 끝이 아니다. 분해된 것이 모두 무기물질이 되는 것은 아니기 때문이다. 분해된 물질은 변화를 멈추고 통합한다. 이후 점점 더 큰 분자 형태로 새로운 물질을 구성하면서 합쳐진다. 이런 '부식화'라는 과정 동안 식물의 유기물질로부터 부식 복합물이 만들어진다.[154] 이 부식 복합물로 이루어진 부식토는 땅의 물리적, 화학적 질을 현저하게 개선한다.

이러한 재활용뿐만 아니라 토양의 재생 능력 덕분에 우리는 '청색' 경제의 논리를 펼 수 있다. 산림생태학자들은 경제학자들과 함께 숲의 안정성과 회복력 그리고 탄력성에 대한 정확한 인식하에 실행될 매우 유망한 연합 체제를 눈앞에 두고 있다.

환경 친화적인 상품을 판매하고 순환적이고 생산적인 경제를 추구해야 할 생산자의 책무는 '오염을 일으키는 활동에 대해 공해세*'를 부과하는 등의 방법을 통해 강화될 것이다. 그러나 막강한 경제력을 등에 업은 로비 때문에 시민의 결집은 여전히 중요하다. 이를 독려하기 위한 요금제(버리고 분리한 쓰

---

* TGAP, Taxe générale sur les activités polluantes. 환경 오염을 일으키는 활동에 대해 부과하는 세금.

레기의 양에 따라 요금이 부과되는 시스템)뿐만 아니라 아껴 쓰기, 바꿔 쓰기, 서로 돕기, 고쳐 쓰기, 지역 상품 쓰기 등을 통해 '탄소를 줄이면서' 소비한 물건의 양을 줄일 수 있다. 그러나 관련 조사의 결과를 보면, 환경에 대한 우려에도 불구하고 여전히 가계의 소비 행태가 바뀌지 못했다는 사실을 알 수 있다. 이에 관해 경제학자이자 환경학자인 파트리크 졸리베 Patrick Jolivet 는 "실천만이 우리가 무엇에 직면해 있는지 알려준다"고 조언했다.[155]

끝내 쓰레기가 되고 말 상품을 사기 위해 상점에 들어가기 전, 나무처럼 한 번 더 생각해보자.

혼농임업이 해답이 될 수 있을까?

우리는 땅의 성분을 통해 땅이 살아 있다는 것만 알 수 있을 뿐이다. 나무의 뿌리 체계와 그 성장은 땅속 세계가 얼마나 활기 넘치고 상호 작용하며 팽창하는, 드넓은 연결망으로 이어져 있는지를 보여준다. 그러나 농업은 오래전 정착했을 때부터 가장 최근까지 세상을 항상 무시해왔고 대부분 시의적절하지 않았으며 심지어 파괴적인 방법으로 세상에 대항했다.

숲을 흉내 내고자 농업을 고려하는 것은 옳지 않다. 농업의 이상적인 모델이 인간이 없는 자연 서식지는 아니기 때문이다. 남은 문제는 인간과 자연이 서로를 도울 수 있도록 땅을 정비하는 작업에 대한 새로운 아이디어를 발굴하는 것이다. 인지적이고 감성적인 접근을 통해 자연과 함께 전례 없는 연합을 구성하며 우리는 생물 세계에 다시 편입되어야 한다. 그런 후에 생물적 과정과 생태적 상호 작용을 최대한 이용하는 것이 중요하다.

🌲🌲🌲

왜 우리는 농업을 '산림화'하겠다는 생각에 빠져 있는 것일까?[156] 앙드레조르주 오드리쿠르가 발견한 대로 우리는 농사를 짓는 방식에 있어, 직접적인 행위는 요령인 반면 간접적인 행위는 자연으로 회귀하는 것이라고 착각하는 경향이 있다.[157] 나무는 이러한 경향을 줄이기 위해 중개인 역할을 하며 농업생태학과 혼동되기도 하고 때로는 사기라고 여겨지기도 한다.[158] 물론 농업을 토대로 한 산림화가 착각에 지나지 않았다고 해서 나무가 농업에서 해낼 역할이 없는 것은 아니다.

그 이유는 첫째, 영양분과 항생물질, 식물호르몬이 뿌리를
통해 대량으로 이동하는데도 길게 뻗어 있는 뿌리를 이례적
으로 저평가하고 있다는 점을 들 수 있다. 나무에 방점을 둔
농업생태학의 한 갈래인 혼농임업* 덕분에, 재배된 초본식물
은 나무가 공들여 만든 당분을 균사 조직을 거쳐 섭취할 수 있
다. 경작지에 있는 나무 덕분에 균사 조직이 유지되어 재배 식
물이 영양분을 문제없이 전달받는 것이다. 이로써 기존 농업
에서 사용하는 생산 요소에 덜 의존하게 된다. 혼농임업 시
스템에서 나무가 제공하는 이러한 이점을 수치화하는 것이
남은 과제지만 수치화를 위한 실험은 여전히 부족한 실정이
다.[159]

둘째, 나무를 완벽한 모델로 삼기보다 식물 계층의 배열처
럼 숲의 구조에서 영감을 받는 것이 중요하다는 점을 들 수 있
다. 한 계층이 피해에 대응하는 과정은 다른 계층에 도움이 될
수 있다. 모든 식물 종에게 구별 없이 감지되는 휘발성 스트레
스 호르몬이 생성되는 것도 마찬가지다. 이와 비슷하게 상층
의 개체들이 열을 조절하고 빗물을 흡수하는 것은 하층의 개
체들에 이롭다. 그러나 우리는 자연림의 이러한 장치를 혼농

---

* 混農林業. 농업과 임업을 겸하면서 축산까지 도입하여 식량, 목재 등을 생산하고
토양 보전을 통하여 지속가능한 농업을 꾀하는 복합 영농의 한 형태.

임업에 적용할 수 없다고 판단하는 경향이 있다.

셋째, 해충, 질병, 약탈자에 대한 자연림의 저항을 들 수 있다. 해충, 질병, 약탈자는 복합적인 환경 속에서 이 개체에서 저 개체로 쉽게 퍼진다. 게다가 균사 조직을 거쳐 식물이 발산하는 항생물질은 같은 지하 조직으로 연결된 다른 식물에 이롭게 작용한다. 그래서 매우 활발히 활동하는 땅의 생물적 증식은 황과 미량원소의 부족을 해소하고 식물을 병원체에 저항할 수 있도록 만든다.

불확실한 길, 심지어 위험한 길에 들어서버린 농업은 새로운 가치를 찾아야 한다. 그리고 숲이 본보기가 된 '함께 사는 법'을 충분히 배워야 한다. 그러면 생물계 전체는 점차 더 좋아질 것이다. 그러나 2100년 110억 명의 인구를 먹여살리기 위해 생태적으로 깊이 있고 매우 생산적이어야 하는 미래의 농업은 우리가 상상하는 숲의 이미지와는 맞지 않을 수 있다. 하지만 미래의 농촌은 생물, 특히 숲이 주는 교훈을 훌륭히 이용하게 될 것이다.

그러나 그것이 결코 혼농임업은 아닐 것이다.

대기 오염과
나무의 역할

심혈관 질환, 폐암, 만성호흡기 질환, 호흡기 감염의 원인인 대기 오염으로 인해 매년 약 300만 명이 사망한다. 이는 10명 중 1명꼴로, 말라리아로 인한 사망자 수보다 6배 많은 수치다. 이 수치는 2050년 2배로 뛸 것으로 전망되고 있다.[160] 오늘날 전 세계적으로 오염이 4번째 사망 원인이 되면서 2016년 세계은행은 경고등을 켜기도 했다.[161] 또한 세계적으로 대략 10명 중 9명이 대기 오염에 노출되어 있고 프랑스에서는 대기질 저하로 인한 사망자 수가 매년 4만 8,000명에 이른다.

오염물질을 직접 줄이는 방법을 제외하고 이 심각한 상황에 대한 해결책이 대중교통망과 철도 화물 수송망을 발전시키고 보행자 도로를 확충하며 도심의 차량 운행을 제한하는 것만 있는 것은 아니다. 나무를 심는 방법도 있다.

나무와 숲은 나뭇잎을 통과하는 가스 오염물질을 숨구멍을 통해 바로 흡수하면서 대기질을 향상시킨다. 오존 농도, 이산화황, 이산화질소를 조절하는 것도 바로 이러한 방법을 통해서다. 하지만 공중에 떠다니는 미세먼지의 20~50%는 나뭇잎의 표면을 통해 일시적으로만 흡수되어 여기저기 흩어지고 가을이 되면 비나 강한 바람에 씻겨 다시 대기로 돌아가게 된다. 그래서 플라타너스나 밤나무와 같이 잎이 크고 매끈한 나무는 오염물질을 땅으로 보내버려 땅을 오염시키므로 대기질 향상에 비교적 효과적이지 않다. 자작나무같이 잎에 털이 난 나무들이 더 효과적이다.

▲▲▲

나무로 보호막을 치더라도 미세먼지의 일부는 아래로 내려와 국지적으로 농도가 상승한다는 점도 고려해야 한다. 게다가 필터 효과는 30m 거리까지만 효과적이다. 300m 이상이 되면 대기는 걸러지지 않은 공기와 합쳐져 미세먼지와 같은 농도가 되고 필터 효과도 점진적으로 떨어진다.[162] 그래도 길을 따라 서 있는 가로수는 거주 지역에서 대기 중 미세먼지 농도를 절반 정도 줄여준다.[163] 나무는 더운 계절에 대기를 식혀주는 기능을 통해 간접적으로 오염을 완화한다. 사실상 대기를 뜨겁게 만드는 에어컨을 덜 사용하도록 함으로써 어떤 형태의 에너지든 소비량을 제한하는 역할을 하는 것이다.

물론 나무가 만병통치약은 아니다. 외피를 통해 미세먼지를 흡수하는 것을 제외하면 낙엽으로 떨어지기 직전의 나뭇잎들은 겨우내 오염 방지 능력이 현저히 낮아진다. 공기가 매우 오염되고 미세먼지를 씻어줄 비가 충분하지 않을 경우 나무의 외피나 나뭇잎은 효율적으로 미세먼지를 흡수한다. 미국의 대도시를 대상으로 한 비교연구 결과, 로스앤젤레스는 나무의 이러한 조절 작용 덕분에 오염 제거율이 가장 높았다. 잎이 돋아 있는 시기가 길고 강수량이 충분하지 않았으며 대기 오염이 높은 수준이었기 때문이다.[164] 그러나 로스앤젤레스의 상황이 일반적이지는 않다.

▲▲▲

도심의 나무는 혹서기에 대기 중 떠다니는 일산화질소와 더불어 이소프렌과 같은 휘발성 유기화합물VOC을 방출하면서 미세먼지와 오존 분자를 형성할 수 있다. 2006년 여름, 베를린에서는 무더위 동안 정원과 공원의 나무들이 휘발성 유기화합물을 방출한 결과 오존 농도가 60%까지 치솟았다.[165] 포츠담대학교의 갈리나 추르키나Galina Churkina가 진행한 이러한 연구 결과는 미디어에서 큰 반향을 일으켰다. 그러나 이러한 반향이 도심에 나무를 심어야 한다는 공감대를 바꾸지는 못했다. 모든 종류의 나무가 휘발성 유기화합물을 방출하는 것은 아니기 때문이다. 이 연구를 통해 인간의 모든 활동에 의해 발생하는 오염물질을 줄일 수 있는 조치가 수반되어야만 도심 정비가 의미 있고 효과적이라는 사실을 알 수 있다. 또한 추르키나의 관찰과 관련해 혹서기를 제외하고 나무가 도심의 공기 중에 존재하는 오존을 유의미하게 줄이는 데 일조한다는 사실 또한 고려해야 한다.[166]

　다른 고려 사항이 남아 있다. 도심의 몇몇 나무들의 꽃가루로 인해 발생하는 알레르기다. 개암나무, 자작나무, 삼나무, 플라타너스, 참나무는 특히 심각한 알레르기를 유발하는데 나무가 조밀하지 않을 경우 징후가 이내 사라지기는 한다. 프랑스 인구의 10~20%가 꽃가루 알레르기로 수면 장애, 집중력 저하 문제를 겪고 있다. 위생학 이론에 따르면 농촌보다 도심에서 이 비율이 더 높게 나타나는데, 그 이유는 유아기 동안 주변 박테리아에 자주 노출되지 않았기 때문이다. 도심에 사는 아이들을 지나치게 청결하게 키우면 면역체계의 초기 활동이 저해되는 것이다.

　게다가 알레르기의 원인이 최소한 일부 대기 오염 때문이라고 치더라도 나무에게만 책임을 전가하는 것은 옳지 않다. 오염으로 스트레스를 받는 상황에서 나무가 더 많은 꽃가루를 발생시킨다는 점은 인정한다. 그러나 밝혀진 알레르기의 1차

원인과 혼동하지 말아야 한다. 더구나 모든 종류의 나무가 비슷하게 알레르기를 유발하지는 않는다. 가장 위험한 식물 중 하나가 바람으로 꽃가루가 퍼지는 풍매식물風媒植物이다. 알레르기를 가장 적게 유발하는 식물은 충매식물로 곤충이 꽃가루를 옮긴다.

이러한 고려 사항들을 통해 우리는 도심의 나무 정비를 꼼꼼히 따져봐야 한다. 그렇다고 대기 오염을 방지하는 나무의 전반적인 역할을 반박하는 것은 결코 아니다. 도시 환경에서 나무의 효용성은 상당하기 때문이다.

태양을 다룰 줄 아는
나무의 놀라운 힘

숲 지붕은 증발산évapotranspiration〔프랑스어 'évaporation(증발)' 과 'transpiration(발산)'의 합성어〕을 통해서 태양 복사로 얻은 에너지를 방출하고 대기를 식힌다. 숲의 반사율, 즉 빛을 반사하는 비율은 약하다. 그래서 항공사진으로 보면 숲은 어둡게 보이는 반면, 숲이 아닌 지역은 밝게 나타난다.

태양 에너지는 여름에 하루 $1m^2$당 100와트^{w}까지 올라, 도

심에서 방수 처리된 지표면의 온도는 50°C를 넘어선다.[167]
충분한 물을 보유한 나무는 에어컨 시스템과 같은 역할을
해서 반사(약 20%)와 증발산(50~60%)으로 태양 에너지의
70~80%를 방출한다. 게다가 수증기는 나무 꼭대기에서 응결
되어 마찬가지로 공기를 식힌다. 나무가 있는 도심 지역은 그
렇지 않은 지역보다 기온이 2~8°C 정도 낮다. 따라서 나무는
잠재적으로 에어컨 사용을 줄이는 데 매우 효과적이다.

에어컨은 뜨거운 공기를 외부로 내보내면서 도시 기온을
1°C 정도 다시 높인다. 중국 난징시에서는 양쯔강 골짜기에
서 30년간 대규모 식수 사업을 벌여 도시 온도가 약 3°C 내려
갔다.[168]

나무는 훌륭한 태양열 집적기다. 태양 에너지 덕분에 광합
성으로 무기물(물, 탄산가스)을 유기물로 전환할 수 있다. 탄소
물질과 결합하면서 광자 에너지가 화학 에너지로 전환되기
때문에 유기물은 채집된 태양 에너지의 저장 형태로 변환되
는 것이다. 이는 화석 에너지의 대안을 찾는 사람들을 흥분시
켰다. 오늘날에는 석유층과 가스, 석탄 등의 형태로 남아 있는
고대 숲에 매장된 에너지를 이용하기보다는 살아 숨 쉬는 유
기체를 충분히 활용하는 것이 더욱 중요하다.

실제로 이것이 식물성 대체연료biocarburant 생산의 기본 원칙

이지만, 에너지 효율이 낮기 때문에 손해를 본다.[169] 세계적으로 식량 수요가 늘어나고 있는 시점에서 대체연료 생산을 위해 경작 가능한 토지까지 훼손하고 있기 때문이다. 또 다른 방법은 광합성 중에 일어나는 근본적인 과정에서 영감을 얻는 것이다. 실제로 광합성을 흉내 낼 수는 없지만 연구자들이 미래지향적으로 접근할 수는 있다. 유기체 형태로 탄산가스를 고정하기 위해 오늘날 산업사회에서 과잉 생산하고 있는 탄산가스를 흡수하는 것이다. 이는 더 이상 유토피아 같은 생각이 아니다.

🌲🌲🌲

2015년, 독일 지멘스Siemens사의 엔지니어들은 태양 광판을 만들 때 쓰는 재료 물질과 비슷한 물질을 사용해 이산화탄소로부터 유기분자를 생산했다. 자율적으로 태양 에너지를 사용하는 것이 남은 문제다. 2016년 말, 막스플랑크Max-Planck 연구소가 꾸린 독일-스위스 연구진은 독일에서 공기 중에 떠 있는 이산화탄소를 유기분자로 다시 고정할 수 있는 효소의 연쇄반응을 만들어냈다.[170] 유전자 변형 미생물을 이용해 똑같은 자율 방식을 다시 만들자는 생각에서다.

2017년 3월, 플로리다대학교 연구진은 새로운 물질로 유기물질뿐만 아니라 에너지도 만들었다고 발표했다.[171] 이산화탄소가 만드는 지구의 푸른빛을 해결하기 위해 이산화탄소를 포름산과 비슷한, 탄산가스를 방출하지 않는 에너지원으로 사용할 수 있는 두 가지 형태(포름산염과 폼아마이드)로 바꾼 것이다. 언젠가 단당류를 만들 수 있는 기나긴 여정의 첫발을 내디딘 것으로 볼 수 있다.

이러한 기술은 제한된 조건에서만 가능하고 많은 비용이 든다. 이산화탄소 분자의 변환만이 중대한 문제점들을 동시에 해결할 수 있다. 그런데 무엇보다 이산화탄소 분자는 안정적이어서 상당한 에너지가 투입되어야 하고 이산화탄소 분자의 활성화로 많은 양의 탄소 물질이 발생할 수 있기 때문에 여기에는 고선택 촉매가 필요하다.[172] 공기 중에 퍼져 있는 이산화탄소를 고정해야 하므로 이에 대한 연구가 강화될 것이다.

🌲🌲🌲

이산화탄소 고정 외에도 광합성을 흉내 낸다는 것은 이미 40억~50억 년 동안 그래왔듯이 태양이 존재하는 그날까지 계속 쓸 수 있는 에너지원을 이용한다는 의미와 같다. 지구에

도달하는 태양 에너지는 10만 테라와트^{TW}로 인간이 소비하는 에너지보다 7,000배 많다. 그러나 태양 에너지 채집 장치는 에너지를 저장하는 데 결함이 있어 간헐적으로만 에너지를 제공할 수 있다. 그래서 채집된 태양 에너지의 양은 여름에는 소비량을 넘어서지만 겨울에는 부족하다. 나무는 불규칙한 태양 에너지에 대한 적합한 해결책을 제시해준다. 자율적으로 탄수화물을 만들 뿐만 아니라 겨울이 되면 상대적으로 따뜻한 땅속에서 뿌리가 성장할 수 있는 생체저장소 역할을 충분히 해내기 때문이다.

경쟁은 시작됐다. 이론상 나무 한 그루의 광합성 효율은 10%를 넘지 않지만 '인공 광합성'의 효율은 30%에 이르는 것으로 알려졌다.[173] 그러나 오늘날 이러한 연구가 더 진전을 보이더라도 인공 광합성은 수년 안에 대규모 생산에는 이르지 못할 수 있다.[174] 돈이 덜 들고 위험하지 않은 대안은 나무라는 재료에 더 많은 자리를 내주는 것이다. 이산화탄소를 배출하는 만큼 격리 또는 흡수함으로써 대기의 균형을 맞추는 숲에서 나무는 탄소 중립적이다.

재료로서의
나무

나무는 가장 지속가능한 유기 재료이자 수액을 전달하며 지지하는 역할이 결합된 혼합 재료다. 비행기가 하늘을 날 수 있게 된 것이 바로 과학 덕분이라고는 하지만 나무도 여기에 힘을 보탰다. 배은망덕하게도 사람들은 이러한 사실을 잊은 듯하지만 말이다.

오스트리아의 이고 에트리히Igo Etrich가 1908년 자바 야자나무의 열매Zanonia macrocarpa를 본떠서 만든 최초의 비행기를 떠올려보자. 이 열매는 오래 하늘을 날다가 땅으로 떨어진다. 1910~1914년 동안 독일 요격기로 사용된 타우베Taube는 이 열매를 착안해 만들어진 것이다. 타우베의 형태는 날고 있는 비둘기에서 영감을 얻었다.[175] 나무는 가볍고 유연하며 저항력이 커서 사용하기 편리하므로 자연스러운 비행 형태를 재현하기 위해서는 꼭 필요한 존재였다.

낙하산도 빠질 수 없다. 낙하산의 원리는 민들레 홀씨처럼 우산으로 덮인 열매에서 영감을 얻은 것이었다. 또한 바다와 강을 항해하는 수단에 대해서도 생각해보자. 최초의 카누는 단순히 나무의 몸통을 파내서 만든 형태였다. 거대 선박은 수

천 개의 나무 몸통을 결합한 형태다. 이 위대한 '이동하는 거
대 원숭이'는 나무가 없었다면 어디에도 도달할 수 없었을 세
상을 나무 덕분에 두루 살펴볼 수 있었다.

오늘날 나무는 구시대적인 재료라고들 말하지만 이 말은
역사의 흐름을 놓친 발언이다.

근래의 과학기술 발전이 최우선 순위에 두는 것은 시간을
초월한 재료다. 균질화가 용이한 재료로서, 석유와 특히 콘크
리트의 부산물인 금속 혼합물은 활용할 때 특별한 기술이 필
요하지 않아 100년 전부터 나무를 앞지른 재료가 되었다. 그
런데 새로운 장이 열렸다. 나무가 미래 재료로 다시 무대에 등
장한 것이다. 한 예로, 화학 처리와 고온 압력을 기반으로 한
새로운 기술방식이 나무를 강철보다 더 내구성 있는 재료로
만들 수 있다.[176]

▲▲▲

이제 목재 건축은 원대한 계획을 품을 수 있게 되었다. 2020년
에 전체 자재의 80%를 나무로 사용한, 높이 57m, 18층 규
모의 건축물 히페리온Hypérion이 프랑스 생장 지역의 보르도
Bordeaux 중심부에 세워질 것이다. 이 건물은 천연 나무뿐만 아

니라 나무를 겹쳐 만든, 이른바 CLT*라는 목재를 사용하게 된다. 이 목재는 접착제를 거의 사용하지 않아 재활용할 수 있다. 90°C에서 나무를 겹쳐 여러 층으로 만들었기 때문에 콘크리트만큼 단단하고 지진에도 잘 견딘다. 압축된 CLT 목재는 훌륭한 단열재이기도 하다. 화재 시 열전도율이 10배 높고 바로 폭발하는 콘크리트와는 달리 구조적으로 매우 안정적이다. 게다가 수분 함유량이 많아 타면서 연소를 막는 탄소 덩어리를 만들어낸다. 또한 CLT 목재를 만드는 데 사용되는 1,400m²의 거대한 숲을 이용해 히페리온은 1,000t의 탄소를 저장하게 될 것이다.[177] 이렇게 다시 한번 나무는 지구온난화를 막는 대응책을 제공한다. 사실, CLT 목재를 사용하는 것은 새로울 것 없는 대응책이다. 이미 60년 전에 개발된 기술이기 때문이다.

히페리온의 높이는 거목의 높이와 비슷하다. 하나의 기둥이 자신의 무게만 지탱할 수 있는 높이로, 어떤 기술자도 이렇게 구상하지는 못할 것이다. 그렇다고 아예 생각할 수 없는 것도 아니다. 오늘날 우리가 가진 예측 능력을 이용하면 똑같은 성과를 얻을 수 있다. 필요한 물리적 특성들이 결합된 나무 재

---

* Cross Laminated Timber. 나뭇결을 서로 직각으로 교차시켜 쌓은 목재, 일명 구조용 집성판.

료만을 이용하는 조건 하에서 말이다.

나무의 자체적인 특성뿐만 아니라 재료를 결합하는 새로운 기술로 나무는 이제 석유화학의 파생물인 첨단 재료와 경쟁할 수 있게 됐다.[178] 심지어 천연 목재도 내구성이 강해 압력에 잘 견디고 단열 효과가 높은 복합 재료가 되었다. 나무로 지은 집은 벽돌로 지은 집보다 5배 더 가볍고 단열 효과도 20~30% 더 높다. 공기 중 습기를 흡수하고 주변의 공기와 균형을 이루며 다시 내뿜기 때문에 거주자는 깨끗한 공기를 마시게 된다.

나무는 자신에게는 적절하지만 독특한 결함을 가지고 있다. 정보화와 예측 능력이 결합한 시대에 나무의 특성을 다시 한번 명확하게 정의하는 것은 X선 촬영, 즉 적외선 분광 분석법이나 진동 분석과 비슷해 보인다.[179] 나무가 충분히 균질하지 않고, 나무의 특성들을 적절히 제어하기 어렵다는 이유로 오랫동안 나무에 불만을 가져왔던 건축가들은 머지않아 도시에서 나무에 중요성을 부여하는 방식으로 집을 짓게 될 것이다.

나무를 통해
물을 얻다

나무는 지구 환경에 사력을 다해 적응하기 위해 눈에 띌 정
도로 물에서 자유롭다. 물 관리의 명수가 된 나무는 각종 장기
를 갖춰야 하는 동물처럼 내부 공간을 다시 만들 필요가 없었
다. 숨구멍을 여닫는 지속적인 제어를 통해 증발산을 제한하
면서 물을 경제적으로 활용하였다. 광합성을 통해 유기물질
을 만들 때 나무는 흡수한 물의 절반을 반환한다. 환경을 상대
로 식물이 진화하는 과정에서 정착시킨, 영리할 뿐만 아니라
생물학적인 방법이다.

　다른 예시도 있다. 나무는 자신의 조직 외부에 있는 물을 조
절하고 주변에 머무르게 하며 환경에 생태적으로 반작용하면
서 대응책을 찾는 방법을 터득했다. 동물보다 시간당 10배 더
많은 물을 흡수하는 나무의 물 순환 시스템이 그 예다. 그 시
스템은 외부를 향해 여닫히지 않도록 되어 있다. 그런데 숲 내
부뿐만 아니라 지역적으로 소기후*를 만드는, 조금이라도 넓
고 조밀한 숲이라면 숲이 가진 수자원을 최대로 보존할 수 있

---

* 사방 약 10km² 이내에 나타나는 기후 현상.

다. 공간의 불변성 때문에 나무는 그 환경을 모델로 삼는다. 2010년 울리히 포슐Ulrich Pöschl이 꾸린 막스플랑크연구소의 독일 물리학자 연구진은 거대 숲 위에서 관측된 강수량은 대기 중에 있는 수증기의 응결핵처럼 작용하는 생태 분무기에서 착안한 것임을 밝혔다.[180] 나무가 구름을 모은 것이다.

프랑스에서 위성사진과 지난 10년간의 기후 정보를 분석한 결과는 랑드Landes나 솔로뉴Sologne에서처럼 나무가 많은 지역 위에 구름층이 형성된다는 사실을 확연히 보여준다.[181] 2009년 1월 24일, 랑드를 덮쳐 숲의 60%를 훼손한 태풍 클라우스는 간접적으로 구름층을 지속적으로 제거하는 효과를 낳았다.

그러나 숲은 더 장기적인 효과를 낼 수 있다. 상트페테르부르크 핵물리학 연구소의 아나스타샤 마카리바Anastassia Makarieva와 빅토르 고르슈코프Victor Gorshkov가 고안한 '생물 펌프'라는 이론에 따르면 숲은 증발산을 통해 저기압 구역을 만든다. 저기압 구역은 바다에서 물이 더 활동적으로 증발하는 숲 지역으로 습한 공기를 이동시키는 데 일조한다.[182] 그러면 이 숲은 안정적으로 그리고 빠르게 수증기를 수천 킬로미터 이동시키면서 대규모로 물을 순환시킨다.

▲▲▲

숲은 지구의 폐가 된 이후 다시 지구의 심장이 되었다.

그래서 산림 벌채는 먼 지역의 기후에까지 영향을 미친다. 아마존이라는 지구의 방패에서는 산림 벌채로 인해 10일 정도 늦게 비가 왔다. 보르네오섬은 개간 사업에 박차를 가했던 1980년대부터 강수량이 줄기 시작했다. 세계에서 두 번째로 큰 산림 지역이 있는 콩고의 열대림 유역에서 진행 중인 산림 벌채는 프랑스 남쪽 지역의 기후에까지 영향을 미친다.[183]

더 작은 규모로는, 나무가 수증기를 흡수하는 능력을 적절히 활용하는 것이다. 아프리카 북서부의 카나리아제도에서 나무 샘물이라고도 불리는 틸til. 학명 Ocotea foetens과 같은 자생종 나무는 작은 나뭇잎 표면에 산의 안개를 자연스럽게 응결시킨다. 카보베르데에서 농부들은 전통적으로 용설란속Furcraea gigantea과 야자나무Phoenix sp.를 이용해 가뭄이 심할 때 수증기를 모은다. 엔지니어들은 여기서 영감을 받아 건조한 지역에 폴리프로필렌으로 만든 그물 기둥을 세워 물을 채집한다. 칠레 북쪽 지역의 엘 토포El Tofo 꼭대기에 세워진 94개의 그물망은 배수통에 물을 모아 수년간 330명의 주민이 살고 있는 해안 마을에 물을 공급했다. 칠레 전역에 하루 동안 모인 물의 양은 그물 1m²당 3~15L로 지금도 이 장치는 가동되고 있다. 카나리아제도에서는 이 장치로 30L의 물을 모은다.

모로코에서는 남서 지역에 있는 부메츠기다Boutmezguida산 꼭대기에 있는 40여 개의 그물망을 이용해 마을 전체에 식수를 공급한다. 채소와 과수 재배에 사용하기 위해서 네팔과 페루도 비슷한 장치를 설치했다. 남아프리카 역시 림포포Limpopo 지역에 있는 취아바Tshiavha 초등학교에서 사용하는 모든 물을 이 채취망에서 얻고 있다. 나무에서 영감을 얻는 것은 때로 극한 상황에서 인간을 살아남게 한다.

도시에 폭풍우가 닥쳤을 때 나무는 뿌리뿐만 아니라 나무의 생물 활동을 통해서 빗물이 땅에 유입될 수 있도록 한다. 나무 주변의 땅은 실제로 다공성이 뛰어나다. 마찬가지로 순간적으로 홍수가 일어났을 때 나무는 증발산을 통해 땅을 정화한다.[184]

이 모든 것이 우리가 주변에 많은 나무를 두어야 하는 이유다.

나무에서 영감을 얻는 것은
때로 극한 상황에서 인간을 살아남게 한다.

마치며

다시 나무를 발견해야 할 때

모든 생물처럼 인간도 공생하는 존재다. 특히 미생물의 한 종류인 박테리아와의 친밀한 관계에서 오늘날 우리 각자에게 남아 있는 특이한 흔적을 발견할 수 있다. 더 넓게는 기능적이고 감성적 유대들이 뒤얽힌 망 때문이기도 한데 이 관계망이 모든 생물과 우리를 연결한다.

이 책을 통해 우리는 특히 생명의 흐름 속에서 나무가 차지하는 주요한 위치와 존재 방식에서 드러나는 비범한 상호 작용의 힘을 이해할 수 있었다. 또한 매우 다양한 각도에서 우리가 세상에 뿌리내릴 때 집중되는 나무의 역할도 확인했다. 우리 육체의 형태와 본질적인 구성 요소, 우리가 먹는 음식들, 우리가 호흡하는 산소, 우리의 사고 특성, 우리의 정신적 욕망, 우리의 미적 취향, 우리가 선택한 기술, 우리의 상징적 표상 그리고 그 어느 때보다도 우리의 미래가 나무와 깊숙이 연결되어 있다.

나무가 우리에게 영향을 미치지 않는다 하더라도 우리는 여전히 나무에서 유래된 무성한 나뭇잎에 가려진 일부분이다.

그러나 나무는 우리 모두의 시야에서 벗어나 있어서 시인 만이 나무를 제대로 바라본다. 그래서 나무는 점점 사고와 상징, 표상으로 대체되고 우리와의 감성적 유대에서 떨어져서 더는 우리에게 말을 걸지 않는다. 주느부아의《잃어버린 숲La forêt perdue》에서 어린 플로리는 생물의 심장인 숲과의 신비로운 만남 이후 "숲은 더 이상 우리를 원하지 않는다"[185]라고 말했다. 이 숲은 나무 없이 탁 트인 경치를 위해 우리 스스로 멀어져 잃게 된 숲이다.

우리 조상들이 죽음의 필연성을 인식하기 시작한 것도 무성한 나뭇잎의 희미한 빛을 통해서다. 이러한 관점에서 우리는 본질적이지만 쓸데없고, 대담하지만 모방적이며, 창조적이지만 파괴적인 방식을 통해 끊임없이 숲과 멀어져왔다. 그로 인해 인간은 많은 괴로움을 겪었다. 이제 지나온 길을 살펴보기 위해 우리를 돌아봐야 한다.

다시 나무를 발견해야 할 때다.

나무를 다시 발견한다는 것은 무엇보다 이타성을 발견한다는 말이다. 우리 자신의 객관화뿐만 아니라 우리가 알지 못하고 접근할 수 없는 부분을 받아들일 수 있는 이타성 말이다.
또한 나무의 엄청난 수명 앞에서 우리 삶의 덧없음을 느끼는
것이다. 그러니 나무가 세상의 아름다움 속에서 항상 안정을
가져다주지만은 않는다는 점을 인정하자. 매우 특이한 동물
인 인간은 나무와의 비교를 통해 어느 것도 자신에게 맞지 않
는 세상 한가운데서 느끼는 거대한 고독을 마주할 수 있다. 나
무를 받아들이는 것은 다른 형태의 생명을 인정하고자 하는
유혹에 넘어가는 것이다. 우리의 모습처럼 원하는 모습이 아
닌 있는 그대로를 인정하는 것 말이다.

　나무는 우리와 너무 달라서 나무에게서 인간 사회에 적용
할 만한 원리를 찾는 것은 적절치 않을 수 있다. 이 책의 페이
지를 넘길수록 우리 삶의 방식을 재검토하고 심각한 환경문
제에 생물의 뛰어난 능력을 이용하려면 나무의 존재 방식을
파악해야 한다는 점이 더 중요하게 느껴지기를 바란다. 나무
의 놀라운 성공은 우리에게 유익한 영감을 줄 수 있다.

　우리를 자멸로 이끄는 방향으로 계속 나아간다면 우리의
여정은 매우 불확실하고 함정에 빠지기 쉬우며 난관에 처하
다가 조만간 벼랑 끝에 이르게 될 것이다. 매우 안전한 길을
따르기 위해서는 눈을 치켜뜨고 나무의 무성한 나뭇잎을 다
시 발견하며 오랫동안 이어진 나무와 인간의 감성적 유대를

다시 맺고 나무에게 매우 깊은 영감을 얻으면 된다. 또한 시
인의 직관에 더 주의를 기울이는 것이면 충분할 것이다. 프랑
스의 시인 이브 본느프와 Yves Bonnefoy 는 화가 알렉상드르 홀란
Alexandre Hollan 의 나무를 그린 작품에 존경을 표하면서 이렇게
썼다.

"나무는 가르침을 준다. 사랑하고, 성찰하며 지식보다는 생
명에 대해 생각하게 한다."186

그런데 나는 잃어버린 숲에 대해 이야기했으니……. 실제
로 프랑스 사람들은 정말 숲을 잃은 것일까?

9세기에 숲은 프랑스 면적의 60%를 차지했다. 상대적으로
평화로웠던 12세기와 13세기에 인구가 늘면서 강도 높은 숲
개간이 이루어졌다. 산림이 벌채될 수밖에 없던 그 먼 시기에
어렴풋이 빌뇌브 Villeneuve 와 빌프랑슈 Villefranche 라는 도시가 떠
오른다. 1000~1300년 사이 프랑스는 그 절반을 잃어 숲은 국
토의 23%뿐이었다. 1300년부터는 귀족 엘리트들이 사냥터
를 만들고 상업적 이익과 목재감을 얻기 위해 거대한 숲을 지
켰다. 16세기 중엽에는 인구가 증가함에 따라 숲은 다시 한번
소실되었다. 17세기에는 왕정이 나무 손실을 우려할 정도였
다. 1661년 당시 재무장관이던 콜베르 Jean Baptiste Colbert 는 선박

건조에 필요한 목재를 나라 밖에서 구할 지경에 이르자 '프랑스는 나무가 없어서 멸망할 것'이라며 항의하기도 했다. 1707년 건축가 보방Sébastien Le Prestre Vauban은 6만 8,000km², 즉 프랑스 국토의 12.4%에만 숲이 조성되어 있다고 수치화하기도 했다.

　19세기 중엽에야 비로소 집약 농업이 시작되면서 산림 벌채가 점차 줄어들어 1827년 처음으로 산림법이 제정되었다. 숲은 점차 그 유해에서 다시 태어나기 시작했다. 1908년 프랑스 국토 면적의 18.7%, 1948년 20.5%, 2000년 26.6%, 2016년 약 30%를 차지하면서 1830년의 두 배가 되었다. 그 면적은 지금도 늘어나고 있다.[187] 숲은 프랑스에서 빠른 속도로 소생하고 있다. 24억m³를 차지하는 프랑스의 숲 유산은 오늘날 유럽에서 가장 넓다. 나무는 잠재적으로 목재 자원을 제공할 뿐만 아니라 생태적, 문화적으로도 중요한 역할을 한다. 우리가 오랫동안 숲을 보지 못하고 혹독하게 다루었지만 이러한 수치는 오늘날 숲이 우리 주변에 다시 자리 잡았다는 것을 보여준다.

　나무의 이러한 탄성력은 아마도 우리의 생존에 중요한 열쇠가 될 것이다.

우리에게 많은 것을 알려주는 나무의 말에 귀 기울이고 나무를 이로운 안내자로 여겨야 할 때다. 오늘날 지나치게 경악스럽고 선정적인 이미지와 시끄러운 말이나 음악에만 반응하는 감수성에서 벗어나야 한다. 마치 우리의 가장 진실한 감수성을 비워버리려는 듯 일어나는 여러 현상으로부터 멀어질 필요가 있다.

나무와 서로 적응하고 새롭게 연합함으로써 나무와 연결된 운명을 재발견할 때 우리의 안녕은 고양될 수 있다. 이를 위해 가상, 관념, 상상 때로는 혼이 담기지 않은 과학의 길을 더 이상 선택하지 않는 감성적 유대를 따라야 한다.

《식물은 무슨 생각을 할까?À quoi pensent les plantes?》에서 나는 식물이 그토록 찬란하게 지상에 정성과 노력을 기울이고 동물계보다 더 세상을 향해 열려 있어 오랫동안 생명을 유지하면서 창의력을 발휘하는 이유에 대해 설명했다.[188] 이 책에서 안과 밖의 구분이 없고 정해진 경계도 없는 나무의 열린 마음이 얼마나 우리에게 깊은 감동을 주고 훌륭한 존재 방식을 일깨워주는지 설명하고 싶었다. 오페라 〈아시시의 성 프랑수아 saint François d'Assise〉에서처럼 나무는 검소함, 자기희생, 절제, 이타성과 무한성 안에서 사는 듯하다. 나무는 항상 자기중심에서 벗어나 편견 없이 지속적으로 화합하고 언제까지나 미완성인 채 성장했다. 우리에게 영감을 줄 수 있는 훌륭하고 살아 있는 형상을 보여주면서 말이다.

　나무는 인간이라는 이 대단히 불친절한 영장류에게 말하고 싶은 듯하다. 영장류는 오늘날 불확실성으로 인해 길을 잃고 자신들이 이 나무의 행성에 살았다는 사실을 잊어버리고 말았다.

1. Leopold A., *Almanach d'un comté des sables*[1949], Paris, Aubier, 1995, p. 170.

2. Dumas R., *Traité de l'arbre. Essai d'une philosophie occidentale*, Arles, Actes Sud, 2002, p. 49.

3. Bergson H., *Essai sur les données immédiates de la conscience*[1889], Vendôme, Presses universitaires de France, 2013.

4. Tchekhov A., *Oncle Vania*[1897], Paris, Bréal, 2005.

5. Hladik C. M., *À la recherche d'une alimentation idéale chez les humains et les autres primates*, Paris, Ellipses, 2017.

6. Abram D., *Comment la terre s'est tue. Pour une écologie des sens*[1996], Paris, La Découverte, 2013, p. 152.

7. Hublin J.-J., Ben-Ncer A., Bailey S. E., Freidline S. E., Neubauer S., Skinner M. M., Bergmann I., Le Cabec A., Benazzi S., Harvati K., Gunz, P., "New fossils from Jebel Irhoud, Morocco and the pan-African origin of *Homo sapiens*", *Nature*, 2017, 546[7657], p. 289.

8. Haudricourt A.-G., Dibie P., *Les Pieds sur terre*, Paris, Métailié, 1987.

9. Wells N.M., "At home with nature: Effects of 'greenness' on children's cognitive functioning", *Environment and Behavior*, 2000, 32, p. 775-795.

10. Hartig T., Mang M., Evans G. W., "Restorative effects of natural environment experiences", *Environment and Behavior*, 1991, 23, p. 3-26.

11. Kaplan R., Kaplan S., *The Experience of Nature*. A Psychological Perspective, Cambridge, Cambridge University Press, 1989.

12. Wells N. M., "At home with nature: Effects of 'greenness' on children's cognitive functioning", art. cit.

13. Groenewegen P. P., van den Berg A. E., Vries S. D., Verheij R. A., "Vitamin G", BMC Public Health, 6: 149.

14. Ulrich R. S., "View through a window may influence recovery from surgery", *Science*, 1984, 224[4647], p. 420-421.

15. Park B. J., Tsunetsugu Y., Kasetani T., Kagawa T., Miyazaki Y., "The physiological effects of Shinrin-yoku[taking in the forest atmosphere or forest bathing]: Evidence from field experiments in 24 forests across Japan.", *Environmental Health and Preventive Medicine*, 2010, 15, p. 18-26.

16. Churkina G., Kuik F., Bonn B., Lauer A., Grote R., Tomiak K., Butler T. M., "Effect of VOC emissions from vegetation on air quality in Berlin during a heatwave", *Environmental Science and Technology*, 2017, 51, p. 6120-6130.

17. Wolfe M. K., Mennis J., "Does vegetation encourage or suppress urban crime? Evidence from Philadelphia, PA", *Landscape and Urban Planning*, 2012, 108, p. 112-122.

18. *Ibid.*

19. Laumann K., Gärling T., Stormark K. M., "Selective attention and heart rate responses to natural and urban environments. Journal of environmental psychology", 2003, 23, p. 125-134.

20. Kim T. H., Jeong G. W., Baek H. S., Kim G. W., Sundaram T., Kang H. K., Lee S. W., Kim H. J., Song J. K., "Human brain activation in response to visual stimulation with rural and urban scenery pictures: A functional magnetic resonance imaging study", *Science of the Total Environment*, 2010, 408, p. 2600-2607.

21. Dallimer M., Irvine K. N., Skinner A. M., Davies Z. G., Rouquette J. R., Maltby L. L., Warren P. H., Armsworth P. R.,

Gaston K. J., "Biodiversity and the feel-good factor: understanding associations between self-reported human well-being and species richness", *BioScience*, 2012, 62[1], p. 47-55.

22. Colarelli S. M., Dettmann J. R., "Intuitive evolutionary perspectives in marketing practices", *Psychology and Marketing*, 2003, 20[9], p. 837-865.

23. Wilson E. O., *Biophilie*[1984], Paris, José Corti, 2012.

24. Abram D., *Comment la terre s'est tue, op. cit.*

25. Takano T., Nakamura K., Watanabe M., "Urban residential environments and senior citizens' longevity in megacity areas: The importance of walkable green spaces", *Journal of Epidemiology and Community Health*, 2002, 56[12], p. 913-918.

26. Lovasi G. S., Quinn J. W., Neckerman, K. M., Perzanowski, M. S., Rundle A., "Children living in areas with more street trees have lower prevalence of asthma", *Journal of Epidemiology and Community Health*, 2008, 62[7], p. 647-649.

27. Li Q., "Effect of forest bathing trips on human immune function", *Environmental Health and Preventive Medicine*, 2010, 15[1], p. 9-17.

28. Rozza A. L., Pellizzon C. H., "Essential oils from medicinal and aromatic plants: a review of the gastroprotective and ulcer-healing activities", *Fundamental and Clinical Pharmacology*, 2013, 27[1], p. 51-63.

29. Marder M., *Plant-Thinking. A Philosophy of Vegetal Life*, New York, Columbia University Press, 2013.

30. Bachelard G., *L'Air et les Songes. Essai sur l'imagination du mouvement*[1943], Paris, Le Livre de Poche, "Biblio essais", 1992.

31. Nietzsche F., *Ainsi parlait Zarathoustra*[1885], Paris, Flammarion, 2006.

32. Bachelard G., *La Terre et les rêveries du repos*, Paris, José Corti, 1948.

33. Hugo V., *Les Voix intérieures*, Paris, Hachette, 1836.

34. Chateaubriand F.-R. de, *Le Génie du christianisme*[1802], Paris, Gallimard, "Bibliothèque de la Pléiade", 1978.

35. Hugo V., *Les Contemplations. Livre III* [1856], Paris, Le Livre de Poche, 2002.

36. Hadot P., *Plotin ou la Simplicité du regard*, Paris, Gallimard, "Folio", 1997, p. 55.

37. Martin L., Decourteix M., Badel É., Huguet S., Moulia B., Julien J.-L., Leblanc-Fournier N., "The zinc finger protein PtaZFP2 negatively controls stem growth and gene expression responsiveness to external mechanical loads in poplar", *New Phytologist*, 2014, 203[1], p. 168-181.

38. Lewis C. A., *Green Nature, Human Nature – The meaning of plants in our lives*, Illinois, University of Illinois Press, 1996.

39. Clément G., *Le Jardin en mouvement, de La Vallée au jardin planétaire*, Paris, Pandora, 1991.

40. Specht R. L., Rundel P., Westman W. E., Catling P. C., Majer J., Greenslade P., *Mediterranean-Type Ecosystems: A Data Source Book*, Dordrecht, Kluwer Academic Publishers, 2012.

41. Reichholf J., *Le Retour des castors.: surprises écologiques*, Paris, Flammarion, 1996.

42. *Ibid.*, p. 273.

43. Tassin J., *La Grande Invasion. Qui a peur des espèces invasives?*, Paris,

Odile Jacob, 2014.

44. Rabhi P., *Vers la sobriété heureuse*, Arles, Actes Sud, 2010.

45. Hallé F., *Éloge de la plante*, Paris, Seuil, 1999, p. 44.

46. Ribet N., "La maîtrise du feu: un travail en creux qui façonne les paysages", *in* Delmas B.[dir.], *Le Travail et les Hommes. Actes du 127 congrès du CTHS*, Nancy, 2005, p. 167-198.

47. Detienne M., Vernant J.-P., *Les Ruses de l'intelligence. La mètis des Grecs*, Paris, Flammarion, 1974.

48. Canguilhem G., *La Connaissance de la vie*[1965], Paris, Librairie philosophique J. Vrin, 2009, p. 184.

49. *Ibid.*, p. 188.

50. Imanishi K., *Le Monde des êtres vivants*[1941], Paris, Wildproject, 2011, p. 83.

51. Ellison D., Morris C. E., Locatelli B., Sheil D., Cohen J., Murdiyarso *et al.*, "Trees, forests and water: Cool insights for a hot world", *Global Environment Change*, 2017, p. 51-61.

52. Chateaubriand F.-R. de, *Atala*[1801], Paris, Librairie générale française, 2007.

53. Berg G., Rybakova D., Grube M., Köberl M., "The plant microbiome explored: Implications for experimental botany", *Journal of Experimental Botany*, 2015, 67[4], p. 995-1002.

54. Peñuelas J., Farré-Armengol G., Llusia J., Gargallo-Garriga A., Rico L., Sardans J., Terradas J., Filella, I., "Removal of floral microbiota reduces floral terpene emissions", *Scientific Reports*, 2014, 4, p. 6727.

55. Verginer M., Siegmund B., Cardinale M., Müller H., Choi Y., Míguez C. B., Leitner E., Berg G., "Monitoring the plant epiphyte

Methylobacterium extorquens DSM 21961 by real-time PCR and its influence on the strawberry flavor", *FEMS Microbiology Ecology*, 2010, 74[1], p. 136-145.

56. Cook R. J., Thomashow L. S., Weller D. M., Fujimoto D., Mazzola, M., Bangera G., Kim D. S., "Molecular mechanisms of defense by rhizobacteria against root disease", *Proceedings of the National Academy of Sciences*, 1995, 92[10], p. 4197-4201.

57. Kenrick PL, Strullu-Derrien C., "The origin and early evolution of roots", *Plant Physiology*, 2014, 166[2], p. 570-580.

58. Abram D., *Comment la terre s'est tue, op. cit.*, p. 175.

59. Hallé F., *Éloge de la plante, op. cit.*, p. 120.

60. Goethe J. W. von, *Essai sur la métamorphose des plantes*[1829], Whitefish[Mont.], Kessinger Legacy Reprints, 2010.

61. Coccia E., *La Vie des plantes*, Paris, Bibliothèque Rivages, 2016, p. 127.

62. Mancuso S., Viola A., *Brilliant Green. The Surprising History and Science of Plant Intelligence*, Washington, Island Press, 2015, p. 77.

63. Hallé F. Oldeman R. A. A., *Essai sur l'architecture et la dynamique de croissance des arbres tropicaux*, Paris, Masson, 1970.

64. Bathélémy D., "Levels of organization and repetition phenomena in seed plants", *Acta Biotheoretica*, 1991, 39[3-4], p. 309-323.

65. Goethe J. W. von, *Essai sur la métamorphose des plantes, op. cit.*

66. Liu Z., Cai Y., Wang Y., Nie Y., Zhang C., Xu Y., Zhang X., Lu Y., Wang Z., Poo M., Sun Q., "Cloning of macaque monkeys by somatic cell nuclear transfer", *Cell*, 2018, 172[4], p. 881-887.

67. Hallé F., *Éloge de la plante, op. cit.*, p. 271.

68. Thomas H., "Senescence, ageing and death of the whole plant",

New Phytologist, 2013, 197[3], p. 696-711.

69. Camus A., *L'Été*[1954], Paris, Gallimard, "Folio", 2006.

70. Thomas H., "Senescence, ageing and death of the whole plant", art. cit.

71. Peñuelas J., Munné-Bosch S., "Potentially immortal?", *New Phytologist*, 2010, 187[3], p. 564-567.

72. Thomas H., "Senescence, ageing and death of the whole plant", art. cit.

73. Lanner R. M., Connor K. F., "Does bristlecone pine senesce?", *Experimental Gerontology*, 2001, 36[4-6], p. 675-685.

74. Montaigne M. de, Essais. *Livre III*, Paris, Presses universitaires de France, 2002.

75. Callaway R. M., Mahall B. E., "*Plant Ecology*: Family roots", *Nature*, 2007, 448[7150], p. 145-147.

76. Tassin J., *À quoi pensent les plantes?*, Paris, Odile Jacob, 2016, p. 73.

77. Ronsard, P. de, *Odes*[1550], Neuilly-sur-Seine, Atlande, 2001.

78. Hallé F., *Plaidoyer pour l'arbre*, Arles, Actes Sud, 2005, p. 62.

79. Gautier T., *España*[1845], Paris, Gallimard, "Folio", 1981.

80. Renard J., *Histoires naturelles*[1896], Paris, Flammarion, 1992.

81. Genevoix M., *Ceux de 14*[1949], Paris, Omnibus, 1998, p. 469.

82. Jones A. M., Dangl, J. L., "Logjam at the Styx: Programmed cell death in plants", *Trends in Plant Science*, 1996, 1[4], p. 114-119.

83. Hasler J., Penel C., Gaspar T., Crèvecoeur M., "Mort cellulaire programmée, apoptose... et cellules végétales", *L'Année Biologique*, 2001, 40, p. 75-95.

84. Abram D., *Comment la terre s'est tue, op. cit.*, p. 153.

85. Chave J., "Spatial variation in tree composition across tropical

forests: Pattern and process", *in* W. P. Carson, S. A. Schnitzer[dir.], *Tropical Forest Community Ecology*, Londres, Wiley-Blackwell, 2008, p. 11-30.

86. Selosse M.-A., *Jamais seul. Ces microbes qui construisent les plantes, es animaux et les civilisations*, Arles, Actes Sud, 2017, p. 36-37.

87. Verhaeren É., *La Multiple splendeur*[1906], Paris, Mercure de France, 1926.

88. Rayner A. D. M., "Fountains of the forest – the interconnectedness between trees and fungi", *Mycological Research*, 1998, 102, p. 1441-1449.

89. Berque A., *La Mésologie, pourquoi et pourquoi faire?*, Paris, Presses universitaires de Paris-Ouest, 2014, p. 33.

90. Clements F., *Plant Succession, an Analysis of the Development of Vegetation*, Washington, Carnegie Institution of Washington, 1916.

91. Bergandi D., "Les métamorphoses de l'organicisme en écologie: de la communauté végétale aux écosystèmes", *Revue d'histoire des sciences*, 1999, 52[1], p. 5-31.

92. Desombres B., *La Sagesse des arbres*, Paris, Calmann-Lévy, 2001.

93. Dissanayake E., "Root, leaf, blossom, or bole: Concerning the origin and adaptive function of music", *in* S. Malloch, C. Trewarthen[dir.], *Communicative Musicality: Exploring the Basis of Human Companionship*, Londres, Oxford University Press, 2009, p. 17-30.

94. Levman B. G., "Western theories of music origin, historical and modern", *Musicae scientiae*, 2000, 4[2], p. 185-211.

95. Tchouang-tseu, *Œuvre complète*, Paris, Gallimard, 1969.

96. Chateaubriand F.-R. de, *Le Génie du christianisme, op. cit.*

97. Chateaubriand F.-R. de, *Atala, op. cit.*

98. Musil R., *Les Désarrois de l'élève Törless*[1906], Paris, Seuil, 1960.

99. Krause B., *Chansons animales et cacophonie humaine. Manifeste pour la sauvegarde des paysages sonores naturels*, Arles, Actes Sud, 2016.

100. Head M., "Birdsong and the origins of music", *Journal of the Royal Musical Association*, 1997, 122[1], p. 1-23.

101. Arcadi A. C., Robert D., Boesch C., "Buttress drumming by wild chimpanzees: Temporal patterning, phrase integration into loud calls, and preliminary evidence for individual distinctiveness", *Primates*, 1998, 39[4], p. 505-518.

102. Dufour V., Poulin N., Curé C., Sterck, E. H., "Chimpanzee drumming: A spontaneous performance with characteristics of human musical drumming", *Scientific Reports*, 2015, 5, 11320.

103. Ballu J.-M., Bois de musique. *La forêt berceau de l'harmonie*, Paris, Gerfaut, 2004.

104. Fleury V., *Arbres de pierre. La croissance fractale de la matière*, Paris, Flammarion, 1998, p. 135.

105. Bachelard G., *L'Air et les Songes, op. cit.*

106. Fleury V., *Arbres de pierre, op. cit.*

107. Bergson H., *La Conscience et la vie*[1911], Paris, Presses universitaires de France, 2013.

108. Fleury V., *Des pieds et des mains. Genèse des formes de la Nature*, Paris, Flammarion, "Champs", 2005.

109. Dumas R., *Traité de l'arbre, op. cit.*, p. 193.

110. Claudel P., *Connaissance de l'Est*[1900], Paris, Mercure de France, 1960.

111. Caillois R., *Les Impostures de la poésie*, Paris, Gallimard,

"Métamorphoses", 1945.

112. Thiry L., "L'arbre et la fugue", *in* B. Desombres, *La Sagesse des arbres, op. cit.*, p. 150-151.

113. Péguy C., *L'Esprit de système*, Paris, Gallimard, "Blanche", 1953.

114. Rutherford A. W., "De l'hydrogène à partir du soleil et de l'eau", *Clefs CEA*, 2005, 50/51, p. 49-51.

115. Conway Morris S., *Life's Solution: Inevitable Humans in a Lonely Universe*, Cambridge, Cambridge University Press, 2003, p. 108.

116. Mulkidjanian A. Y., Junge W., "On the origin of photosynthesis as inferred from sequence analysis", *Photosynthesis Research*, 1997, 51[1], p. 27-42.

117. Sauquet H., Balthazar M. von, Magallón S., Doyle J. A., Endress P. K., Bailes E. J. *et al.* J., "The ancestral flower of angiosperms and its early diversification", *Nature Communications*, 2017, 8, 16047.

118. Wagner M. R., Lundberg D. S., Coleman-Derr D., Tringe S. G., Dangl J. L., Mitchell-Olds T., "Natural soil microbes alter flowering phenology and the intensity of selection on flowering time in a wild *Arabidopsis relative*", *Ecology letters*, 2014, 17[6], p. 717-726.

119. Urli M., Lamy J. B., Sin F., Burlette R., Delzon S., Porté A., "The high vulnerability to drought of *Quercus robur* at its southern margin paves the way for *Quercus ilex*", *Plant Ecology*, 2014, 216[2], p. 177-187.

120. Hodar J. A., Zamora R., "Herbivory and climatic warming: A Mediterranean outbreaking caterpillar attacks a relict, boreal pine species", *Biodiversity and Conservation*, 2004, 13[3], p. 493-500.

121. Fei S., Desprez J. M., Potter K. M., Jo I., Knott J. A., Oswalt C. M., "Divergence of species responses to climate change", *Science*

Advances, 2017, 3[5], e1603055.

122. Brewer S., Cheddadi R., De Beaulieu J. L , Reille M., "The spread of deciduous Quercus throughout Europe since the last Glacial period", *Forest Ecology and Management*, 2002, 156[1-3], p. 27-48.

123. Bertrand R., Riofrio-Dillon G., Lenoir J., Drapier J., de Ruffray P., Gégout J. C., Loreau M., "Ecological constraints increase the climatic debt in forests", *Nature Communications*, 2016, 7, 12643.

124. Phillips O. L., Martínez R. V., Arroyo L., Baker T. R., Killeen T., Lewis S. L., Vinceti B., "Increasing dominance of large lianas in Amazonian forests", *Nature*, 2002, 418[6899], p. 770-774.

125. Berna F., Goldberg P., Horwitz L., Brink J., Holt S., Bamford M., Chazan M., "Microstratigraphic evidence of in situ fire in the Acheulean strata of Wonderwerk Cave, Northern Cape province, South Africa", *Proceedings of the National Academy of Sciences of the United States of America*, 2012, 20, p. 7593-7594.

126. Dale V. H., "The relationship between land-use change and climate change", *Ecological Applications*, 1997, 7[3], p. 753-769.

127. Tassin J., *La Grande Invasion, op. cit.*, p. 105.

128. Hublin J.-J., *Quand d'autres hommes peuplaient la Terre. Nouveaux regards sur nos origines*, Paris, Flammarion, 2008.

129. Ellis E. C., "Anthropogenic transformation of the terrestrial biosphere", Philosophical Transactions of the Royal Society A, 2011, 369[1938], p. 1010-1035.

130. Tassin J., *La Grande Invasion, op. cit.*, p. 167.

131. Guariguata M. R., Ostertag R., "Neotropical secondary forest succession: changes in structural and functional characteristics", *Forest Ecology and Management*, 2001, 148, p. 185-206.

132. Bongers F., Chazdon R., Poorter L., Pena-Claros M., "The potential of secondary forests", *Science*, 2015, 348 6235], p. 642-643.

133. Poorter L., Bongers F., Aide T. M., Almeyda Zambrano A. M., Balvanera P., Becknell J. M. *et al.*, "Biomass resilience of Neotropical secondary forests", *Nature*, 2016, 530, p. 211-214.

134. Sayer C. A., Bullock J. M., Martin P. A., "Dynamics of avian species and functional diversity in secondary tropical forests", *Biological Conservation*, 2017, 211[A], p. 1-9.

135. Fleury V., *De l'oeuf à l'éternité. Le sens de l'évolution*, Paris, Flammarion, 2006, p. 45.

136. *Ibid.*, p. 47.

137. Dumas R., *Traité de l'arbre, op. cit.*, p. 16.

138. Desombres B., *La Sagesse des arbres, op. cit.*, p. 165.

139. Dumas R., *Traité de l'arbre, op. cit.*, p. 13.

140. Descartes R., *Les Principes de la philosophie*[1644], Paris, Vrin, "Bibliothèque des textes philosophiques, poche", 2009.

141. Koyré A., *Entretiens sur Descartes*, Paris, Gallimard, 1962, p. 216.

142. Cité par Dumas R., *Traité de l'arbre, op. cit.*, p. 94.

143. Fisler M., *Histoire de la métaphore de l'arbre dans les sciences naturelles*, thèse, Paris, Muséum national d'histoire naturelle, 2014, p. 25.

144. Dumas R., *Traité de l'arbre, op. cit.*, p. 99.

145. Darwin C., *L'Origine des espèces*[1859], Paris, Flammarion, 1995, p. 180-181.

146. Dumas R., *Traité de l'arbre, op. cit.*

147. 예: A.R.B.R.E(Association rurale Brayonne pour le respect de

l'environnement, 환경 보호를 위한 브레이지역 연합), A.R.B.R.E(Arbres remarquables: bilan, recherche, études et sauvegarde: 종합평가·조사·연구·보호를 위한 프랑스의 괄목할 만한 나무), Atlas Rannyezhoù ar brezhoneg: sintax[브르타뉴(Breton) 지역 언어 연구 사이트], Aménager et rénover avec le bois pour la réhabilitation(나무와 함께하는 재개발 정비 및 혁신) 등.

148. Brundtland G. H., *Our Common Future: Report of the World Commission on Environment and Development*, Oxford, Oxford University Press, 1987.

149. ADEME, *Déchets 2017. Les 10 chiffres clés*, Paris, ADEME, 2017.

150. Ministère de l'Environnement, de l'Énergie et de la Mer, *Économie circulaire: les avancées de la loi de transition énergétique pour la croissance verte*, Paris, MEEM, 2016.

151. Béalès J., "Circulaire, il n'y a rien à jeter", *La Vie*, 2017, hors-série: *Sciences. La Nature pour modèle*, p. 38-39.

152. Lavoisier A., *Traité élémentaire de chimie*[1789], Paris, Create Space Independent Publishing Platform, 2015.

153. Pauli G., *L'Économie bleue. 10 ans, 100 innovations, 100 millions d'emplois*, Lyon, Caillade Publishing, 2011.

154. Soltner D., *Les Bases de la production végétale*, tome I: *Le Sol et son amélioration*, Angers, Collection Sciences et Techniques Agricoles, 1988.

155. Jolivet P., "Le recyclage des déchets ménagers: une figure de citoyenneté", *Courrier de l'environnement de l'INRA*, 2001, 44, p. 29-40.

156. Tassin J., "La forêt naturelle pour modèle agricole?", *Bois et forêts des tropiques*, 2017, 333, p. 3.

157. Haudricout A.-G., "Domestication des animaux, culture des plantes et traitement d'autrui", *L'Homme. Revue française d'anthropologie*, 1962, 2-1, p. 40-50.

158. Tassin J., "Quand l'agroécologie se propose d'imiter la nature", *Courrier de l'environnement de l'INRA*, 2011, 61, p. 45-53.

159. Selosse M.-A., "Le rôle vital des mycorhizes", *Paysages in Marciac, journée agroécologie*, 6 édition, 29 juillet 2014, https://www.youtube.com/watch?v=39TsKgacWX8.

160. Lelieveld, J., Evans, J. S., Fnais, M., Giannadaki, D., Pozzer, A., "The contribution of outdoor air pollution sources to premature mortality on a global scale", *Nature*, 2015, 525, p. 367-371.

161. World Bank, *The Cost of Air Pollution: Strengthening the Economic Case for Action*, Washington D.C., World Bank Group, 2016.

162. McDonald R., Kroeger T., Boucher T., Longzhu W., Salem R., *Planting Healthy Air. A Global Analysis of the Role of Urban Trees in Addressing Particulate Matter Pollution and Extreme Heat*, The Nature Conservancy, 2016.

163. Maher B. A., Ahmed I. A., Davison B., Karloukovski V., Clarke R., "Impact of roadside tree lines on indoor concentrations of traffic-derived particulate matter", *Environmental Science and Technology*, 2013, 47[23], p. 13737-13744.

164. Nowak D. J., Crane D. E., Stevens J. C., "Air pollution removal by urban trees and shrubs in the United States"", *Urban Forestry and Urban Greening*, 2006, 4, p. 115-123.

165. Churkina G., Kuik F., Bonn B., Lauer A., Grote R., Tomiak K., Butler T. M., "Effect of VOC emissions from vegetation on air quality in berlin during a heatwave", *Environmental Science and*

Technology, 2017, 51[11], p. 6120-6130.

166. Nowak D. J., Civerolo K. L., Rao S. T., Sistla G., Luley, C. J., Crane D. E., "A modeling study of the impact of urban trees on ozone", *Atmospheric environment*, 2000, 34, p. 1601-1613.

167. Hesslerová P., Pokorný J., Brom J., Rejšková – Procházková A., "Daily dynamics of radiation surface temperature of different land cover types in a temperate cultural landscape: Consequences for the local climate", *Ecological Engineering*, 2013, 54, p. 145-154.

168. Bartenstein F., "Re-greening in China", *The International Dayton Line*, 1981, 1, p. 5.

169. Michel H., "Editorial: The nonsense of biofuels", *Angew. Chem. Int. Ed.*, 2012, 51[11], p. 2516-2518.

170. Schwander T., Borzyskowski L. S. von, Burgener S., Cortina, N. S., Erb T. J., "A synthetic pathway for the fixation of carbon dioxide *in vitro*", *Science*, 2016, 354[6314], p. 900-904.

171. Logan M. W., Ayad S., Adamson J. D., Dilbeck T., Hanson K., Uribe- Romo F. J., "Systematic variation of the optical bandgap in titanium based isoreticular metal-organic frameworks for photocatalytic reduction of CO_2 under blue light", *Journal of Materials Chemistry A*, 2017, 5[23], p. 11854-11863.

172. Fontecave M., "Photosynthèse artificielle: transformer le soleil en biocarburants", *Culture Sciences Chimie*, ENS Eduscol, publié le 08/06/2016.

173. Fontecave M., "Sustainable chemistry for energizing the planet", *Angewandte Chemie*, 2015, 54[24], p. 6946-6947.

174. Fontecave M., "Photosynthèse artificielle: transformer le soleil en biocarburants", art. cit.

175. Ballu, J.-M., *Bois d'aviation. Sans bois, l'aviation n'aurait jamais décollé*, Paris, Institut pour le développement forestier[IDF], 2013, p. 12.

176. Song J., Chen C., Zhu S., Zhu M., Dai J., Ray U. *et al.*, "Processing bulk natural wood into a high-performance structural material", *Nature*, 2018, 554[7691], 224.

177. Van Eeckhout L., "Deux tours en bois vont se dresser dans le ciel de Bordeaux", *Le Monde*, 16 mars 2016.

178. Nouyrigat V., "La revanche du bois", *Science et Vie*, mai 2017, 1196, p. 86-92.

179. *Ibid.*

180. Pöschl U., Martin ST., Sinha B., Chen Q., Gunthe S. S., Huffman J. A., Borrmann S., Farmer D. K., Garland R. M., Helas G., Jimenez, J. L., "Rainforest aerosols as biogenic nuclei of clouds and precipitation in the Amazon", *Science*, 2010, 329[5998], p. 1513-1516.

181. Teuling A. J., Taylor C. M., Meirink J. F., Melsen L. A., Miralles D. G., Van Heerwaarden C. C., Vautard R., Stegehuis, A. I., Nabuurs G. J., de Arellano, J. V. G., "Observational evidence for cloud cover enhancement over western European forests", 2017, *Nature Communications*, 8, 14065.

182. Makarieva A. M., Gorshkov V. G., "The biotic pump: Condensation, atmospheric dynamics and climate", *International Journal of Water*, 2010, 5[4], p. 365-385.

183. Lawrence D., Vandecar K., "Effects of tropical deforestation on climate and agriculture", *Nature Climate Change*, 2015, 5[1], p. 27-36.

184. Berland A., Shiflett S. A., Shuster W. D., Garmestani A. S., Goddard H. C., Herrmann D. L., Hopton ME., "The role of trees in urban stormwater management", *Landscape and Urban Planning*, 2017, 162, p. 167-177.

185. Genevoix M., *La Forêt perdue*, Paris, Plon, 1967, p. 218.

186. Bonnefoy Y., Hollan A., *L'Arbre au-delà des images*, Bordeaux, William Blake and Co, 2003.

187. Mather A. S., Fairbairn J., Needle C. L., "The course and drivers of the forest transition: The case of France", Journal of Rural Studies, 1999, 15[1], p. 65-90.; Koerner W., Cinotti B., Jussy J. H., Benoît, M., "Évolution des surfaces boisées en France depuis le début du xix siècle: identification et localisation des boisements des territoires agricoles abandonnés", *Revue forestière française*, 2000, 52, p. 249-270.

188. Tassin J., *À quoi pensent les plantes?*, *op. cit.*

나무처럼 생각하기

초판 1쇄 발행 2019년 7월 8일
초판 4쇄 발행 2023년 3월 31일

지은이   자크 타상
옮긴이   구영옥

발행인   김기중
주간   신선영
편집   민성원, 백수연
마케팅   김신정, 김보미
경영지원 홍운선
펴낸곳   도서출판 더숲
주소   서울시 마포구 동교로 43-1 (04018)
전화   02-3141-8301~2
팩스   02-3141-8303
이메일   info@theforestbook.co.kr
페이스북·인스타그램 @theforestbook
출판신고 2009년 3월 30일 제2009-000062호

ISBN 979-11-86900-91-8 (03480)

이 도서의 국립중앙도서관 출판예정도서목록(CIP)은 서지정보유통지원시스템 홈페이지(http://
seoji.nl.go.kr)와 국가자료공동목록시스템(http://www.nl.go.kr/kolisnet)에서 이용하실 수 있습니다.
(CIP제어번호: CIP2019023513)